管理
一場數位之旅
許士軍

MANAGEMENT
A DIGITAL JOURNEY

東華書局

許士軍

逢甲大學人言講座教授
財團法人書香文化教育基金會

Contents 目錄
管理 — 一場數位之旅
MANAGEMENT: A DIGITAL JOURNEY

序 —— 淺說企業在管理上之「數位轉型」　10

第一章 —— 前言

① 從企業經營觀點探討「數位時代」所帶來的連接典範轉移　25

② 進入網路時代「管理」的典範轉移
　　——由「管理」而「統理」　31

③ 走向不需要管理的管理　37

第二章 —— 舊問題新生命

① 為什麼進入數位時代，層級組織結構會解體？　51

② 企業管理？什麼是「企業」？什麼是「管理」？
　　——談商管教育的困境　56

③ 在數位化組織下，「人」的主體化發展　61

④ Beware! 專業工作者在數位時代面臨的挑戰　66

⑤ 數位時代下，職場及工作型態的動態性發展　72

2-1 決策

① 「理性決策」，是真正的「理性」嗎？　79

❷ 未必「理性」，但卻「真實」的決策　85
❸ 邁向「智慧化管理」時代下的決策　90

2-2 溝通

當「溝通」蛻變為「連接」
——數位時代下的企業經營　97

2-3 規劃

數位時代下的企業策略規劃
——既非「鑑往知來」，也非「謀定而後動」　103

2-4 領導

❶ 新時代下的領導：願景、組織文化與創業精神　111
❷ 邁向數位時代的「生態領導」　116

第三章——被顛覆了的組織

❶ 企業經營還一定是「由內而外」和「自上而下」嗎？
——網路時代的典範轉移　125
❷ 當實體和效用在數位世界中發生分離時　130

管理　一場數位之旅
Contents 目錄
MANAGEMENT: A DIGITAL JOURNEY

❸ 數位時代下，如何化解管理上分工與合作的矛盾？　135

❹ 欲求變革，組織先行　140

第四章 —— 平台、雲端、虛擬組織

❶ 顛覆傳統組織及其運作之雲端運算服務　149

❷ 網路「平台」觀念在企業經營模式上之應用　155

❸ 虛擬組織提供創新的生態環境　161

第五章 —— 生態環境和企業

❶ 數位時代下零工經濟的美麗與哀愁！　171

❷ 顛覆傳統組織的「自主經營單位」　176

❸ 企業生態經營模式 —— 新的經營理念、新的遊戲規則　182

❹ 由產業競爭到生態自主的企業經營思維　191

第六章 —— 經營模式和轉型

❶ 數位時代下之服務業創新及典範轉移　201

❷ 由製造業到服務業的數位轉型　206

❸ 由「謀定而後動」思維，談企業創新模式的典範轉移　210

❹ 認識數位時代下的「新零售」！　215

❺ 在生態環境中通路的蛻變　220

❻ 自「連接」觀點，化解「經營模式」與「組織模式」間的隔閡　223

第七章──企業社會責任和永續

❶ 企業社會責任觀念之由來及其落實問題　233

❷ 從「公共財」觀點探究 ESG 之決策與落實　248

❸ 什麼是「利害關係人群」？它是可以被「管理」的嗎？　254

❹ 社會企業也要有善待企業的社會　260

❺ 為什麼我們說「ESG」，而不說是「ESM」？　266

❻ 解方經濟與博士學位　272

❼ 究竟什麼是「DBA」？它和 Ph.D 有什麼不同？　278

第八章──民主政治、公民社會與網路世界

民主政治、公民社會與網路世界　285

HERATZ
ARIES
ANDROMEDA
NUS
DENEB
CASSIOPEIA
ALGOL
TAURUS
PERSEUS
CEPHEUS
ALDEBARA
AURIGA
POLARIS
CAPELLA
URSA MINOR
DRACO
THUBAN
BET
MIZAR
GEMINI
CASTOR
URSA MAJOR
POLLUX
OTES
COR CAROLI
CANIS MINOR
ARCTURUS
PROC
CANCER
LEO
REGULUS
DENEBOLA

MIRA
CETUS
DENEB KAITOS
ERIDANUS
RIGEL
LEPUS
PHOENIX
ACHERNAR
GRUS
COLUMBA
SIRIUS
CANIS MAJOR
TUCANA
HYDRUS
CANOPUS
PUPPIS
PAVO
TRIANGULUM AUSTRALE
VELA
MUSCA
RIGEL KENTAURUS
HADAR
CRUX
HYDRA
CENTAURUS
LUPUS

管理
一場數位之旅

序
淺說企業在管理上之「數位轉型」

當今我們所處的數位時代，因為關鍵要素——「連接」的影響，帶來前所未有的「數位革命」，它克服時空差距，也跨越了產業界線，它不僅結合供需，也整合了虛實，連現今企業市值最高的幾家公司，共通點都是在網路上有「連接」的優勢。

這股「數位革命」改變了傳統經濟學觀念（如交易成本、邊際成本、邊際效用已變得不具意義），也改變了傳統組織型態（朝去中心化、無邊界化、分子化、虛擬化發展），更改變了企業經營模式（由彼此的競爭關係，轉為合作關係，甚至是彼此互利的關係），因此企業如何因應這股趨勢的變革使能永續經營與成長，是值得關注與探討的。

有關「企業轉型」這一問題，特別是在於本書主要討論的「數位轉型」方面，堪稱是近年有關企業經營與發展上一大顯學。不過

MANAGEMENT: A DIGITAL JOURNEY

一般所討論的企業轉型，多屬於企業之「策略性轉型」，此即企業如何配合環境與市場情況的迅速變化，選擇適當之定位及經營模式。

誠然，企業轉型應以策略性轉型為主導，但後者能否成功及其效果如何，如果沒有同時進行「管理性轉型」，亦即調整或改變本身內部之組織及運作方式以資配合的話，則策略性轉型是不可能成功的。因此本書所要討論者，主要即屬於這種「管理性轉型」。

事實上，在今天，這兩方面的轉型都和網路與數位化興起脫不了關係。原因在於，企業轉型都和所謂企業活動上之「連接」（connectivity）功能有關。本書所持基本觀點為，企業之所以能創造價值，一個主要來源就是在於「連接」功能上的創新：譬如說，所謂策略性連接，即係企業與外部利害關係人群之連接；而管理性連接，則為企業內部各種業務活動間之連接。不過，隨著網路及科技之發展，有關這種內外連接，目前已有融合之趨勢。但是，不論何者，企業轉型都可以自這「連接」觀點切入。

以本書所聚焦之管理性轉型來說，在數位化之前，由於技術上的限制，使得組織內的分工和合作，無法隨著需求，在時間和空間上做到精準的連接。此時企業所能為力者，無非是依照韋伯式的層級結構，以及費堯所建議的功能或分工模式，將工作明確而固定地

劃分,並經由多層級與部門主管統轄、指揮、監督以及考核,達到「如臂使指」般的連接效果。希望如此使各方面經營活動,能夠配合任務,做到無縫而及時之連接。

無縫隨需連接之障礙

然而,事實上,這顯然是一種可望而不可及的理想。在未有網路及相關各種數位科技工具發展之前,即使採取事業部組織方式,或進行所謂企業流程再造,在連接上,仍然處處出現遲延、脫節,甚至矛盾的現象,這和以下的障礙或限制有關。

首先,各種相關的活動中,往往牽動實體之物件或設備,因而由於物理上或技術上的原因,使得它們無法配合任務之需要,精準連接。

其次,更為嚴重者,乃這些活動──尤其具有關鍵性重要性者──有待人員之分工、參與或決策。此時除涉及人數龐大連接困難外,尤其在個別人員或群體間,受到利害關係或態度上之牽扯,也造成扭曲或阻礙應有之連接。

第三,隨著組織規模變大或業務複雜化以後,企業為了解決連接上之困難,不得不設置層級和部門各自分擔部分任務,但是不幸

的是，這種結構本身卻往往帶來部門間的本位主義及部分最佳化。再者，企業還採行了種種定期定型的計畫、預算和 SOP 之類。表面上，這是為了解決連接上之問題，但是不幸地，這樣反而使得連接產生高度僵化之結果。

再者，這種由上而下的工作與資源分配，使工作者處於被動地位，難以引發強烈的工作動機和熱情，也不容易發揮主動精神和應變彈性。

由「強連接」轉變為「隨連接」

以上所指的連接，或稱為「強連接」，幾乎是在傳統組織結構及其運作下的一種無可奈何的選擇。

非常幸運地，如今人類進入網路和數位時代，人們可以經由物聯網、大數據（big data）、AI、演算法，以及雲端服務之類設施和技術工具，使得企業在組織與管理上，可以配合經營模式之需要，將客戶、公司及供應來源多方面，做到即時、精準、連續，隨心所欲的連接。如馬雲所稱，此時「只怕你想不到，不會做不到」，也就是學者所稱的「隨連接」。

換言之，此時企業之任務可以配合顧客之需要，不管後者如何

管理
一場數位之旅

千變萬化,公司既不必靠由高層中心的瞭解與掌握,由上而下的分配與控制,也不必預設組織部門及固定之運作程序,而可以透過前線之創業團隊,從現實狀況中由下而上的主動發掘問題及解決。

基本原因在於,在網路世界中的連接,具有分散(dispersion)、開放(open)及移動(mobile)之特性,這樣帶給企業在組織與管理上一種顛覆性變革,在網路世界中,人是可以無所不在的;他在那裏、何時在,都不重要,更使得數位轉型下的組織具有「去中心化」、「去結構化」和「去邊界化」這些特色,跳脫傳統組織的僵化失靈狀況。

嶄新之組織觀念

這也就是說,這種新的組織轉型,並非單純地在企業原有的經營和管理方式中,將各種活動和程序轉變為數據,加以處理和利用而已,這將有如俗語所稱的,只是一種「換湯不換藥」的做法。真正的管理轉型,應該是一種「脫胎換骨」的想法和做法。經由以下基本組織觀念的改變,取代傳統組織機械觀點下的層級結構和部門分工組織模式。

虛擬化的組織單位

首先，組織活動不再受到傳統上那種層級與部門化之制式化拘束，可以隨任務需要，成立自主經營單位，有如變形蟲般，將必須之相關工作連接起來，渾然一體。使顧客感受到，此一單位彷彿是專門為他而設一樣。

猶有進者，這種虛擬組織可以超越組織原有疆界，納入外界協同單位，或將某些功能交由雲端服務使整體運作更為靈活有效。

事實上，這種自主經營單位已如前述，由一種內部管理性組織轉變而成策略性創業組織，主動發掘顧客需求，吸引和爭取內外資源之供應者之參與和支持，和傳統上那種依賴上級之計畫與預算運作的內部單位迥然有異。

平台機制

其次，各種活動間之連接，除了經由自動化達成外，更多的情況是，它們可以不再循照層級或部門路線進行，而是經由平台這種威力強大又極具彈性的機制進行連接。

首先，參與平台者間，不限於一對一的固定或串聯關係，而是

管理
一場數位之旅

開放性的；對內不受傳統組織的制約或限制，對外容許外界的參與，使平台本身成為一種「通用型」（general purpose）的公共資源。

其次，連接的內容，不限於實體產品，而是十分多樣化的「效用」，例如資訊提供、交易、融資等等。十分重要的是，這種連接可以不必牽動實體，更可以和所有權分離，使得連接獲得更大的彈性和靈活性。

第三，這種連接可以是連續性的，例如在所謂「訂閱」模式下，不但相關參與者可因之建立起長期承諾關係，而且也形成更合理的定價和支付方式。

第四，這種連接可以累積大量數據，經由演算法和人工智慧的應用衍生無窮解決方案和商機。

總而言之，誠如學者所稱：「平台崛起，幾乎顛覆了所有傳統的管理。」

雲端運算

再者，在 2016 年以後，又有所謂「雲端運算」（cloud computing）的資訊服務業出現。這種服務，主要是由網路業者，

如 Amazon 和 Google 等，建立資訊基礎設施及各種數位軟體，提供客戶在資訊儲存空間、資料庫，以及資訊處理運算能力等方面的服務。它們在性質上，即屬一種對於客戶提供的虛擬性公共服務，包括基礎設施雲、平台雲和應用雲等型態，取代個別客戶原先內部設置之資訊中心或 ERP、CRM 之類系統。這種雲端服務，可以擴及客戶行銷、採購、財務和人資各種業務活動及管理，客戶只要根據使用狀況支付費用，因而省去本身設備投資及人事支出。這樣一來，經由共享資源達到降低成本和提升營運效率之效果。

再說，雲端服務可以將上述各種功能連接到客戶散布在不同地點之工作者，再加上近年來發展之「邊緣計算」（edge computing）技術，大大增加服務之靈活性與彈性，讓後者可以成為獨立的經營者，因此這種轉變對於傳統的組織與管理帶來極大的衝擊。

自主經營體

基於以上數位化組織之出現，基本上顛覆了傳統上那種由上而下的金字塔式和封閉式的組織結構，開闢了一個開放性的生態環境，吸引了，也激勵了不確定數目的「自主經營體」的誕生。

管理
一場數位之旅

舉例來說，例如在海爾公司內，這種自主經營體，稱為「小微企業」，大致可分為三種性質，有屬於用戶端的，有屬於內部支援性的，以及提供互助合作者三種不同性質和型態。它們並非由公司由上而下指派人員並給予預算加以設置，而是讓員工進行創業。在這種組織型態下，創業者不再是一個螺絲釘，而如前所述，他們自己發掘機會，產生構想及經營模式，吸引內部資源供應者之支持與參與，有如一位 CEO，自己承當風險，但也因此獲得收益。

在公司方面，可以根據創業單位之需要，靈活而有效地給予必要之資源及服務，包括人才、技術、零組件，甚至研究發展之類，讓他們獲得隨需應變的解決能力。

生態環境下的運作秩序和紀律

也許人們仍然囿於舊習，深恐這種組織將有如一群脫韁野馬，四處奔馳、各行其是。但是事實上，這種自主經營體也可以利用近年學者所倡導的「自組織」理論加以說明。它們擁有一種內建生命力，在創業精神的驅動下，自我適應外界環境、追求成長。這種經營單位之運作，有其行為規範和紀律，如在自然生態環境下有其共生演化的自然秩序一樣。

MANAGEMENT: A DIGITAL JOURNEY

　　在網路世界中，建構這種生態環境的最基本的要素，就是網路建構和數位作業標準本身。然而，除此以外更重要的，乃是來自大組織中屬於無形的願景和文化的影響力量。這三方面因素，舉個自然界的譬喻來說，願景有如陽光，文化有如空氣，而網路與數位作業標準則有如水。

　　問題在於，如何建構這種陽光、空氣和水的生態環境，相信這才是企業未來追求數位轉型中最重要的挑戰和任務。

　　做為管理學界一個近六十年的老兵，近年以來，深感由於網路和數位時代的到來，對於所謂管理實務和理論產生顛覆性影響，往日所學，必須急起直追，有所補正。在這心態下，個人三年來就網路與數位技術在於企業經營與管理之應用，嘗試將學習所得寫成專欄文字，如今集結成冊。本書之問世，誠所謂「敝帚自珍」，不敢自稱有何創新或發明。

　　本書得以今天面目出現，可說是承蒙多位好友及專業人士協助的結果。其中包括這三年多來協助文稿整理的李穗彗、范庭毓小姐，最後文字編輯的余欣怡小姐，美圖設計的陳智凱先生和邱詠婷小姐。當然整個出版過程的修訂完成，特別要感謝東華書局儲方經理的不辭辛勞和協調，借用一句現成的──但也是真實的──話來

管理
一場數位之旅

說,「沒有他們的協助,這本書是不可能誕生的」。

再者,由於各文乃獨立撰寫而來,雖經修飾調整,但彼此之間,仍不免有重複累贅之處。凡此各端,諸祈海內外先進大家有所匡正是幸。

許士軍

逢甲大學人言講座教授
財團法人書香文化教育基金會董事長

MANAGEMENT: A DIGITAL JOURNEY

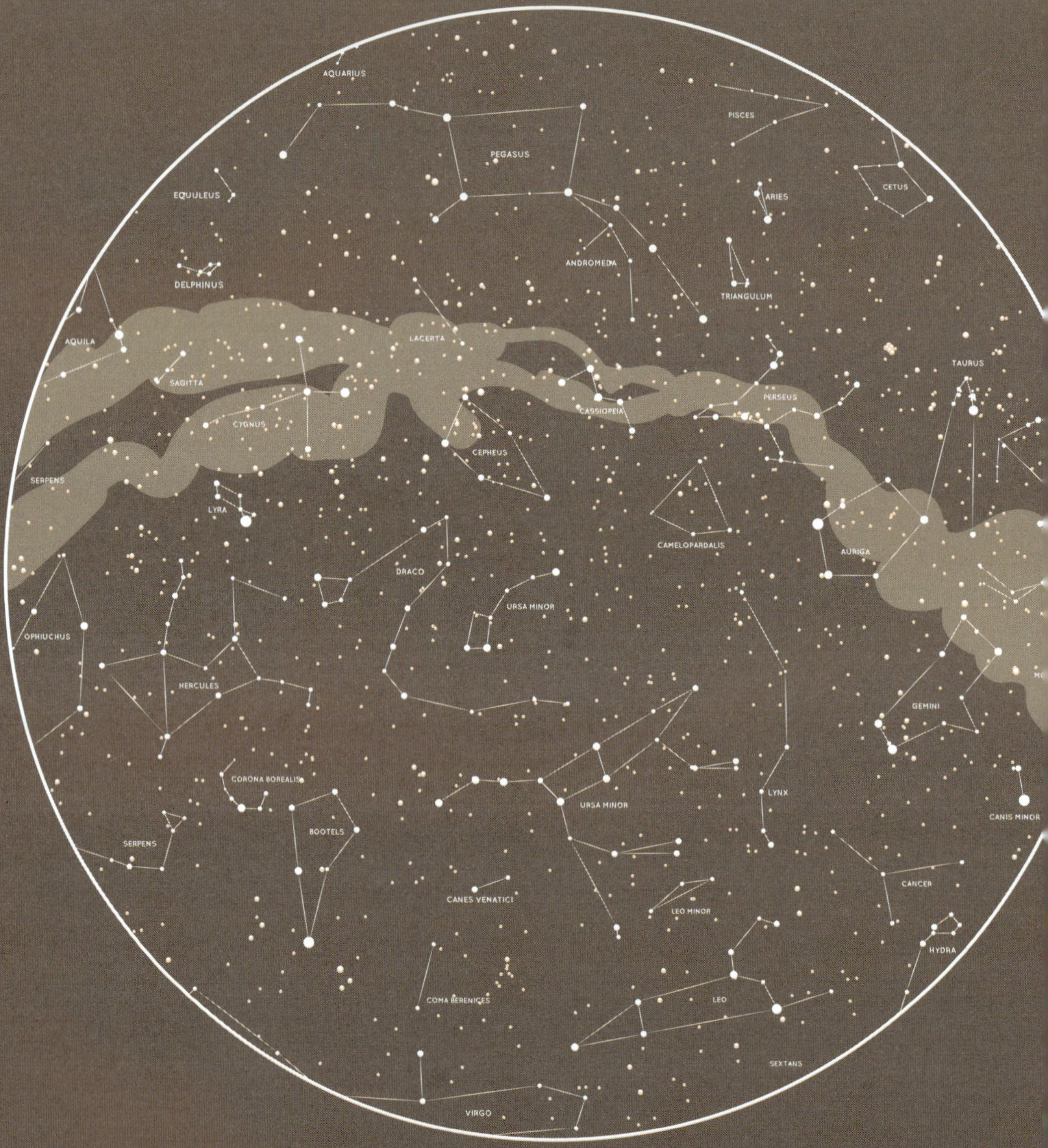
AQUARIUS
PISCES
PEGASUS
CETUS
EQUULEUS
ARIES
ANDROMEDA
DELPHINUS
TRIANGULUM
AQUILA
LACERTA
TAURUS
SAGITTA
PERSEUS
CASSIOPEIA
CYGNUS
CEPHEUS
SERPENS
LYRA
CAMELOPARDALIS
AURIGA
DRACO
URSA MINOR
OPHIUCHUS
HERCULES
GEMINI
CORONA BOREALIS
LYNX
URSA MINOR
CANIS MINOR
BOOTELS
SERPENS
CANCER
CANES VENATICI
LEO MINOR
HYDRA
COMA BERENICES
LEO
SEXTANS
VIRGO

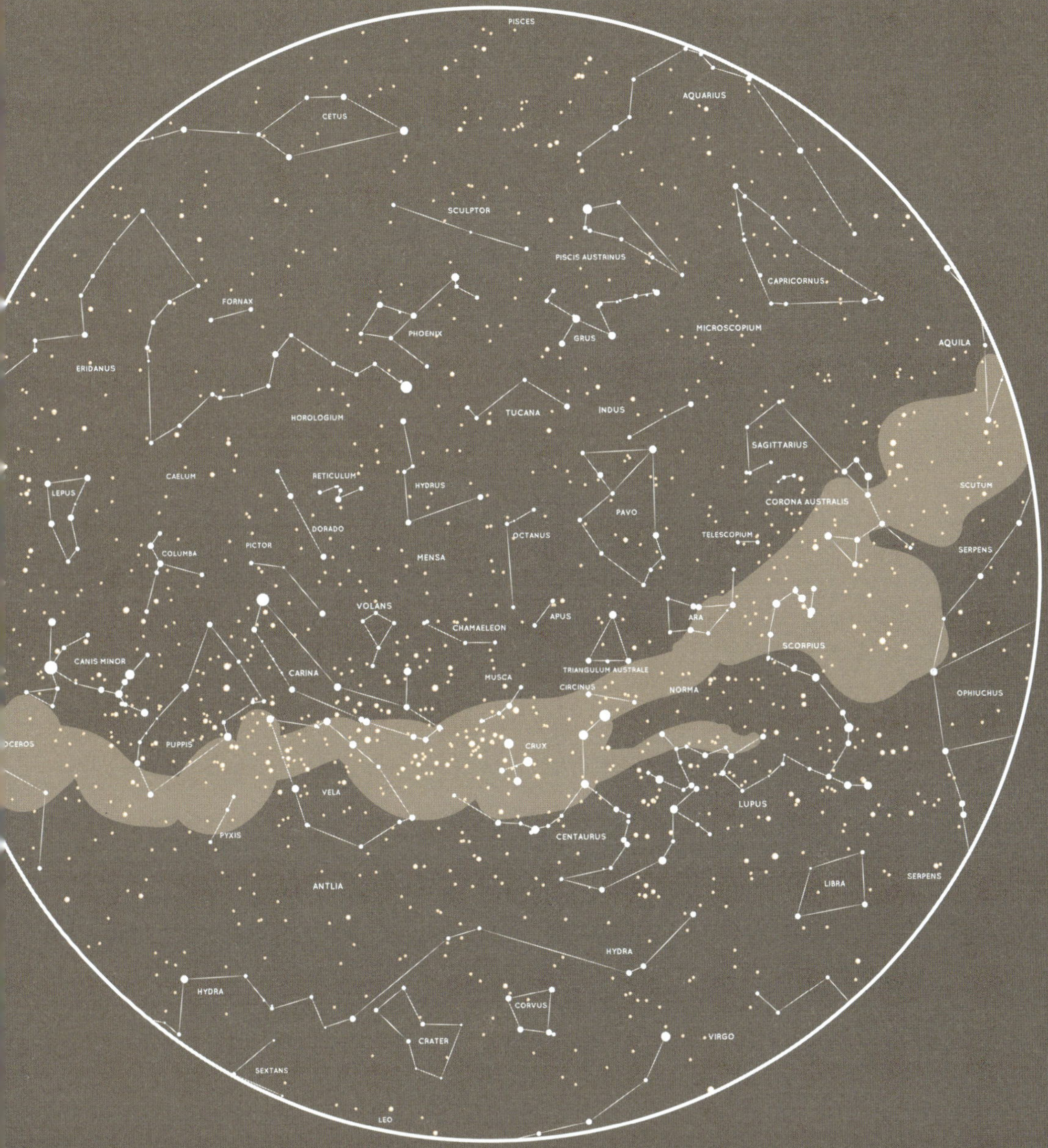
PISCES
CETUS
AQUARIUS
SCULPTOR
PISCIS AUSTRINUS
CAPRICORNUS
FORNAX
PHOENIX
GRUS
MICROSCOPIUM
AQUILA
ERIDANUS
HOROLOGIUM
TUCANA
INDUS
SAGITTARIUS
SCUTUM
CAELUM
RETICULUM
HYDRUS
CORONA AUSTRALIS
LEPUS
DORADO
PAVO
OCTANUS
TELESCOPIUM
SERPENS
COLUMBA
PICTOR
MENSA
VOLANS
APUS
ARA
CHAMAELEON
SCORPIUS
CANIS MINOR
CARINA
MUSCA
TRIANGULUM AUSTRALE
CIRCINUS
NORMA
OPHIUCHUS
OCEROS
PUPPIS
CRUX
VELA
LUPUS
PYXIS
CENTAURUS
LIBRA
SERPENS
ANTLIA
HYDRA
HYDRA
CORVUS
CRATER
VIRGO
SEXTANS
LEO

管理
一場數位之旅

第一章

MANAGEMENT: A DIGITAL JOURNEY

1
從企業經營觀點探討「數位時代」所帶來的連接典範轉移

本書所討論之主題,主要在於數位時代的到來對於企業經營與管理的影響。因此,做為討論之背景與前提,究竟什麼是「數位時代」,似乎有加以討論之必要。

說來奇妙,所謂「數位時代」所帶來最主要的改變,在於人事物間「連接」上所帶來翻天覆地之變化,這也恰好就是「經營與管理」的核心問題。

為什麼說「連接」是「經營與管理」的核心問題?

如我們所知,人類社會之所以會出現企業或任何組織,就是要解決人類社會的合作問題,也就是所謂「群策群力」的問題。在此,

管理
一場數位之旅

　　姑不論所要達成的任務或目的為何，做好「群策群力」，其間的最大挑戰和關鍵，就在於「連接」。

　　解決之道，涉及兩個層次。一為對外，配合市場或顧客的要求，如何自四面八方取得所需形形色色之資源，包括相關訊息及物流安排，這是「經營模式」問題；再一為對內，如何透過企業內部組織之設計，導引人員分工與合作，以落實上述經營模式，這是「組織與管理」問題。

　　所謂「數位時代」的到來，主要在於網路設施以及數位科技方面的巨大進步，使人們在連接方面，獲得突破性的發展。

數位時代下之「連接」

　　基本上，資訊之數位化以及互聯網之發展與普遍化，在解決上面所說的「連接」問題上，帶來下述各個構面上的極大進展：

- 由定點式連接到移動式連接。
- 由有中心式之連接（平台）到無中心式之連接（區塊鏈）。
- 由訊息自動化處理，到專家系統到深度學習的 AI 系統。
- 由獨立式的資料庫和伺服器，到共享式或混合式的雲端服務。

MANAGEMENT: A DIGITAL JOURNEY

在此同時，還有許多相應的改變，包括頻寬、運速以及平台功能的深化及群組之形成。尤其是隨著物聯網滲透到人類社會生活及工作之各角落，這一切發展，正如馬雲在他的《未來已來》（2017）書中所說的：

> 「未來會有一個新的世界誕生，這個世界會被稱為『虛擬世界』。這個世界會有一個新大陸，在這個世界裏，所有人都會在網路上發生關聯。」

事實上，也如同這一本書的書名所說的，這個「未來」已經「到來」了。所謂的「虛擬世界」也和「實體世界」發生連接，彼此「制約、衝突、取代、互補」，以至於在這世界裏，人們可以隨意連上所有的數位內容，而且允許內容不斷更新、排列和分類。這種連接狀態的「隨意化」，同樣也如這本書中所說的，目前的狀況，就連接而言，「只怕你想不到，沒有做不到」。

在這嶄新的時代環境下，透過連接可能性之無限擴大，應用到企業經營和管理上，帶動了前所未有之神話般的改變。舉例而言，以平台模式所提供的多樣性和虛擬式的連接功能，以及個人自主經營模式，這在以前都是無法做到的。

有關這方面的改變，事實上不勝枚舉。但在此所要說明的，乃

管理
一場數位之旅

是在數位時代下,企業在經營和管理上所發生的典範轉移,舉其大者,就有下面好幾個層次。

首先,在對外連接上,如:

- 在供需之間得以做到精準而連續結合,減少了資源耗用和存貨呆滯。
- 產業界線發生模糊化或消失,使人們能夠對於各種問題找到全方位之解決方案。
- 在效用與所有權之間,可以分離,使得人們各方面的需求可以更靈活得到滿足,不必受到實體和投資上的限制。

其次,上述改變,顛覆了許多傳統上的經濟學和企業經營理念,如:

- 精準取代品質。
- 創新取代效率。
- 流量取代規模。
- 開放取代封閉。
- 合作取代競爭。
- 分散取代集中。

再則，數位時代又開啟了某些新的價值來源，例如：

- 虛擬社群的自動形成，取代了傳統上行銷所採取的市場區隔化和目標市場界定的做法。
- 網路效應所帶來的，是改變了傳統上的邊際成本和效益模式，因此可隨流量增大而更為有利。

最後，面對當前人類有關資源耗損、廢棄物汙染，尤其氣候變遷等所帶來的生態浩劫問題，進入數位時代，使人類得以採取種種新的生態模式。對於解決這些問題大有助益，例如：

- 訂閱經濟。
- 分享經濟。
- 循環經濟。

數位時代的全面性影響

事實上，數位時代所帶給人類社會的影響和改變，其影響恐將遠大於歷史上過去已發生的重大改變，例如由農業時代進入工業時代、由農村社會進入都市經濟，或由地方經濟進入全球化經濟之類。

數位時代之影響所及，除在經濟活動外，也波及政治、社會、法律，甚至藝術、文學以及價值觀念等所有方面。而本書所探討者，

管理
一場數位之旅

有關其對於企業經營與管理的影響，實際上只不過是其中一個領域而已。

2

進入網路時代「管理」的典範轉移——由「管理」而「統理」

近年來,有關管理發展之趨勢,無論在觀念上或實務上,出現一種幾可認為屬於「典範轉移」(paradigm shift)的改變;此即人們整個放棄過去那種建立在「層級結構」和「自上而下」的基本運作模式,而改採諸如「小微企業」、「阿米巴組織」之類的「自主經營單位」,讓第一線人員發揮創業精神,當家做主。

「後管理時代宣言」

這一發展,讓我們想起,早在大約三十年前,由當時兩位世界級的管理顧問,李察‧庫區(Rrichard Koch)和伊恩‧戈登(Ian Godden)所發表的一本書。這本書的中文名稱為《沒有管理的管理》(*Managing Without Management*),而其副標題則是「後管理時代

管理
一場數位之旅

宣言」（A Post-Management Manifesto），其氣概彷彿當年馬克思（Karl Marx）和恩格斯（Friedrich Engels）所提出「共產主義宣言」（The Communist Manifesto, 1872）一樣，令人震撼。

從上述中文書名看來，似乎這兩位作者有故弄玄虛，有令人不知所云之感。但若從英文來看，將會發現，原來所稱的兩個「管理」，所意涵的，乃是兩種不同的意義：一為靜態的「Management」；另一則為動態的「Managing」。換句話說，這本書所要表達的，就是放棄靜態觀念下的管理，而改採動態的管理。

靜態的「管理」所指的，乃是有關組織架構、規章、程序、辦法這些靜態的制度或工具，如組織系統表、編制、預算、計畫書或 SOP 之類；而動態的管理，就是一般所稱的「管理功能」，如規劃、組織、領導、溝通和控制活動本身，也就是加上英文的 ing，使抽象名詞（abstract noun），變為動名詞（gerund），也就是指在制度或方法背後所發揮的功能和作用。

換言之，動態的管理所重視的，不是這些制度規章本身，而是它們必須配合外界情勢、策略以及技術進步，隨時調整、改變，甚至放棄。

《海星與蜘蛛》

至於如何將靜態的管理改變為動態的管理,又令人想起近二十年前另一本書:《海星與蜘蛛》(*The Starfish and the Spider: The Unstoppable Power of Leaderless Organizations*, 2006)。講起這本書,也是由兩位作者合著,分別是歐瑞・布萊夫曼(Ori Brafman)和羅德・貝克斯壯(Rod A. Beckstrom)。由於他們兩位都是創業家,這本書所主張的,也可以說是基於他們豐富的創業經驗中所悟出的道理。

這兩位作者以兩種生物代表兩種迥然不同的組織。以蜘蛛而言,一旦被取去了頭部,就整個失去了生命;然而對於海星來說,即便遭到肢解,牠的每一肢節都能重新長成為另一個海星。書中將這兩種生物的特質應用到人類組織型態上,前者所代表的,就是由上到下的集權組織;而後者卻是由下而上的分權組織,也就是不必領導者(leaderless)的組織。這種以生物取喻的想法,無疑代表一種新奇的構想,然而如何將它變為可行的實務,當時並無可解的具體做法。

然而在現實的時代潮流下,企業的運作必須予以動態化和彈性化,已屬勢在必行。具體言之,企業必須改變由上而下的靜態做法,而能快速反映外界環境與市場的急劇變化。不幸的是,當時企業所

管理
一場數位之旅

能著力的,不過是採取諸如「分層分責、層級授權」、「零基預算」、「企業再造」或「專案管理」這些辦法。事實顯示,這些做法仍然是「換湯不換藥」。

即便最近一種源自 Intel 創辦者葛洛夫（Andrew S. Grove）的管理思維,被稱為 OKR（Objectives and Key Results）,在企業界風行一時。所主張的,就是讓組織部門或員工,在願景的引導下,主動且有彈性地,設法達成某些關鍵結果。這一做法,較之原先的 KPI,似乎給予員工較大的自主彈性,既切合實況,且簡單易行。但問題是,它仍然不能跳脫傳統組織層級結構的框架。

管理新境界的「夢想實現」

真正來說,這要等到人類進入網路時代,種種數位技術,如平台、雲端、大數據、AI 以及物聯網、區塊鏈、訂閱制等等,紛至沓來,使得人類可以突破時空和規模限制,擺脫層級結構以及線型溝通。在「隨連接」的狀況下,最先是出現像 Wikipedia 或 Skype 這種組織上。而如今卻可普遍應用到原屬傳統的製造業,如海爾,以及電子商務起家的阿里巴巴,這些龐大而多樣的生態組織上,終於近乎達到「夢想實現」（dreams come true）的境界。

將網路及各種數位數據應用於企業組織及其管理上,所帶來諸

MANAGEMENT: A DIGITAL JOURNEY

如去中心化、去中介化與去邊界化的效果,包括以下各方面:

- 流量取代規模。
- 平台取代交易。
- 創業取代執行。
- 協作取代競爭。
- 取用權取代所有權。
- 智慧化取代自動化。
- 虛實整合取代實體運作。
- 長尾效應取代庫存。
- ……。

這些所列的,一眼看去,它們所取代的,幾乎都是屬於支持傳統組織和管理運作的典範或限制條件。

管理原本是可以不要的成本

今天看來,人們當初為了達到動態的管理,在沒有網路和數位技術以前;如前所述,不得不採取的種種管理活動,並為此付出了昂貴的內在交易成本。如今進入網路時代,即可獲得期望之效果而不必付出此種代價。這一情況,較之當初人們為了降低外在交易成

本，而設置組織，有如異曲同工。自這觀點，將這種改變，稱之為更進一步的「典範轉移」似不為過。

「管理」升級為「統理」

最後要說明的是，在走上「沒有管理的管理」這一境界後，原有的管理不是消失了，而是升級化為「統理」（governance）（一般譯為「治理」）。此時所要解決的，已非單純地追求利潤或滿足投資者的願望，而是謀求照顧到不同「利害關係人群」（stakeholders）的福祉，以及地球生態之永續。此時所要面對和謀求解決的，已非經營或法律問題，而屬於政治和價值問題，顯然已經不是原來的「管理」了。

3
走向不需要管理的管理

由手段變成目的

　　基本上，管理之受到重視乃一世界潮流，譬如後共產主義的國家或開發中國家都努力引進和加強現代管理，視為一國走向現代化之必要條件。因此我們可以說，管理是一種正面的有價值的行為或知識。然而世界上許多被認為是好的事情或東西，其採用也是有一定限度的。譬如維他命是我們身體所必須，但是卻不表示我們該拚命服用，過猶不及，同樣都會對身體帶來不良結果。從某種觀點來看，今日的管理似乎已是有點走過了頭，甚至在某些方面是誤入歧途。這就是今天我所要談的「不需要的」管理。

　　人生往往會出現有一種現象，那就是某些原該是手段的事物卻變成了目的。最明顯地，就是人們對於錢財的追求。誠然，人生

管理
一場數位之旅

在世為了維持家人基本生活或是要創立事業，都不能沒有一定的錢財；一個窮人是沒有多大自由的，因為他想要做什麼，都無法做到。不過錢財儘管重要，但它終究是代表一種手段。然而從古至今，人們卻往往把追求財富本身變成了目的；有了財富，卻不是為了什麼，只是變成了守財奴，等到兩手一撒，回歸天國後，錢財對他實在是毫無意義！

又如過年時，一般人家都免不了要大吃大喝一番，這種習俗可能形成於農業社會，當時過年代表終年辛勞之後的農閒季節，平時飲食比較簡樸，藉過年機會，在吃的方面好好補償一番，有其道理。但是到了今日，工作方式已經改變了，而且平時營養已經十分充足，這時仍然大吃大喝，似乎也是將手段變成目的的另一例子。

與任務需要脫節的管理

以管理而言，在本質上也是代表一種手段，而不是目的。現代管理的發展一般認為乃是二十世紀以來的事，主要是隨著企業規模的擴大及市場不斷開發，為了達到大規模的經濟生產和銷售，需要有一套組織、規劃和監督的方法，這些方法，開始時候乃是因應需要而發展出來，日後才被稱為是「管理」。當時目的是透過機器生產出標準化的大量產品，工人只是為了配合機器的運作而來；接著

再由一些效率專家運用諸如「時間與動作研究」，訂定出一套操作程序，讓工人遵循，這樣既可免於差錯，又能便於監督和衡量成效。在當時這種情況下所發展的這套管理理念和方法，人們稱之為「科學管理」，確能配合二十世紀前半時期的環境和任務需要，所以說當時的管理手段是符合當時目的的。然而到了二十世紀末，社會所需要的，已經不是大量而標準化的產品，或者說，如果需要這種性質的產品，其過程可以大量自動化生產，所需管理的成分不多。再加上生產技術的迅速發展，尤其是資訊技術的普遍應用，還有市場需求走向少量多樣化，這時在管理上所要求的，乃是配合市場需要以達到創新和創業為目的，而非求大量生產效率而已。這也是彼得‧杜拉克（Peter F. Drucker）在 1955 年出版其「名著」《創新與創業精神》（*Innovation and Entrepreneurship*）的主旨。

在這種環境下，如果仍然堅守科學管理那一套，不免與創新和創業的目的背道而馳。譬如科學管理強調分工，然而創新和創業是無法分割的；科學管理強調操作標準化，然而創新和創業的本質就是靠工作者的自動自發和創意。實際上，今後管理的對象已不是憑藉體力──一個命令，一個動作──的勞力工人，而是擁有知識的知識工作者。在這情況下，如果我們仍然延續二十世紀初期所發展的那些想法和做法，顯然是抱殘守缺，將手段當做目的了。

管理
一場數位之旅

　　如果將不同時代背景下的管理加以比較，其差別之一個具體表現，就在於權力的分配上。在科學管理時代，凡職位愈高者，其權力愈大，職位低者必須聽命於他的上級；但到如今，一個組織的生存與否乃取決於能否靈活反映外界環境和顧客的需要，這時最能瞭解和把握外界狀況者，並非高層主管，而是第一線人員，他們直接面對市場，必須立即有所反應。這時他們所迫切需要的，這個組織能建立起一個靈活而即時的資訊系統的支援，而不是靠層層請示和等待指示。同時，為了有效反應和滿足市場需要，又有賴各種技能和專業人員的密切配合，因此形成各種任務導向的團隊，也不是傳統那種功能導向的固定部門或層級組織所能奏效。

　　然而不幸的是，由於早期那種管理觀念、制度和程序仍然留存在今天許多組織內，尤其是政府或公營事業，造成許多不必要的管理工作或負擔，像會議過多、文件繁瑣、程序僵化等等現象。在這種情況下的「管理」，不但不能增進一組織的效果和效率，反而造成負面的作用，我們所說不需要管理的管理，主要就是指這些已經不合時代需要的管理工作。

為什麼會造成不合時宜的管理？

　　因此，有人把目前的管理工作分成三類。第一類是為顧客創造

價值的管理工作，它們代表一個機構──包括企業、學校、醫院，甚至教會──之生存目的所在。這類的管理工作是有用的，愈多愈好。第二類管理工作是為了支援前一類工作而產生，例如領導、規劃或溝通之類，這類管理工作能少則少。第三類的管理工作則是所謂的 makework，也就是無中生有出來的。在本質上是不需要的，也是可以避免地，主要是由於我們沿襲過去的管理所造成的。

分析造成這些不合時宜的管理的原因，首先來自過度的分工，其結果是一件完整的任務無人能瞭解全貌，因此需要常常開會和協調，以及靠人指揮和監督。在所謂的「控制幅度」（span of control）原則下，一位主管不適合管理太多下屬，以免無法監督而失去控制，導致組織發展日益增多的層級。例如在一個 200 個員工的組織中，每 10 位員工就需要 1 位主管，因此需要 20 位基層主管，假如每 5 位基層主管就需要 1 位中層主管，又需要 4 位中層主管。這麼一來，一個 200 人的小組織，就有四個層級和 25 位主管，這樣會使得這一個組織變得十分僵化。

其次，在上述細密分工和層層節制的組織中，員工一方面聽命行事，自主極低，感到無力感；另一方面，他也看不到自己工作的最後成果，又感受不到成就感。久而久之，將會變得十分被動，有賴上級的嚴密監督和督促，這樣不但增多許多工作；最嚴重的是，這些工作只會增加員工的惰性，對於任務的達成是有害無益的。

實際上,管理會變得不合時宜,已成為世界上一個普遍現象,也許和一件事物的發展過程有關,現在正是反省和修正的階段,譬如1996年在英國即出版一部著作《沒有管理的管理》,引起管理界的重視和轟動。

在台灣社會中被誤解的管理

除了以上兩個原因直接導源於管理上的泰勒主義外,在台灣的環境下,還有其他原因,使得一個組織增加了更多無謂,甚至有害的管理工作。

首先,很不幸地,由於將 management 在中文稱為「管理」,產生了以文害義的誤導後果。人們常常直覺地認為,所謂「管理」含有「察察為明」、「發號施令」或「事必躬親」的意味,因此在一般人的用語中,常將「管理」與「服務」相對而言,和今日所強調的管理精神,幾乎是背道而馳的。

其次,為害最烈的一個原因,就強調管理是為了「防弊」。這一心態,有其歷史、政治、司法和經濟等複雜因素,不擬在此探討。但是在一切以「防弊第一」的出發點下,造成一件事必須由許多人蓋章,以求分擔責任或互相牽制,或且由委員會決定,以免個人決定有瓜田李下之嫌。尤其官員在擔心被人扣上「圖利他人」罪名的

陰影下，儘量不要由自己做決定。我們最近從報章中得知，有時一件土地開發申請案，要蓋上超過一千個圖章，費時幾年仍然沒有結果。如果我們對這種延宕荒誕的情況進行質問，每一個人都會說是依法辦理，按章行事，實際上卻是為了規避責任，尤其避免被捲入弊端。

再一個普遍的原因，則在於所謂「制度化」的冠冕堂皇名義下，訂定許多繁瑣的程序、標準和規劃。常常看到的情況是，遇到了一個無法依現有規章予以解決的案子時，往往就提出在會議中討論，而與會者都不願針對這一個案予以解決，這樣會被認為沒有制度。因此，為了解決一個個案，又訂定一套辦法和規定，表面上這是比較客觀的和制度化的做法。然而大家心裏所想的，卻是萬一出事，可以將責任歸咎於制度而非做決定的人。由於個案層出不窮，這樣下來，使得規章程序多如牛毛，徒然增加許多無意義的會議和工作，浪費了許多時間。真正說來，解決問題要靠專業人員的判斷並負起責任，不能事事都依賴刻板的規章。

代替傳統管理的幾種力量

如今我們面臨變動迅速的外界環境，又要滿足顧客多元而挑剔的需要，所謂管理，不可能事事向上級請示，並依指示辦事；也無

管理
一場數位之旅

法按照既定規章行事不加變通。管理所做的，乃是能配合並支持人們以自主、彈性和創新的方式，去發掘機會和解決問題。這時取代傳統管理中那套層級組織和權威的，乃是以下幾種力量：

第一是來自顧客的力量：工作者必須面對顧客，提供服務，使其滿意。這種顧客，除了外部顧客外，也包括內部顧客，以公司內的人事、會計等部門而言，他們的顧客就是企業內部其他單位或部門。例如人力資源單位言，就是要提供其他單位有關人力需求之服務，譬如甄選、訓練、薪資、績效評估等等工作。這時，人力資源單位以其專業能力為其他單位解決這些方面的問題，如果做得不令內部顧客滿意，將會遭到淘汰或可能被外包途徑所代替。

第二是來自資訊的力量：過去，許多重要的資訊只有高階主管才有，使得各級人員在工作上需要時必須向他請示，這也構成中階主管所擔負之一種重要任務。在層級結構的組織中，這些必須透過中階主管所傳達的資訊，目前卻可經由 E-mail 或內部網路取得；公司內部人員，只要打開電腦，就可以獲得他所需要的資訊，能夠更快和更自主地決定與執行其任務。

第三是來自投資者的力量：隨著社會的進步，投資者愈來愈多由散戶走向法人或基金，例如美國的退休基金，這些機構投資者由專業經理人管理，他們對企業很瞭解，經常對已經投資或可能投資

的企業進行深入分析，然後採取行動。由於這種機構投資者之行動將會透過資本市場對企業產生甚大壓力，使得企業經營者必須設法滿足他們的期望。

第四是來自全球化的力量：隨著世界經濟走向自由化結果，使得貨物、原料、資金、資訊、物流，甚至人力，都能較不受國家疆界的限制而自由流通。這種情勢所帶來的，一方面是全球化市場出現，企業如果自外於這更開闊的機會不加利用，將導致本身競爭力的萎縮；另一方面，在本國市場也失去保障，它必須面臨來自四面八方的全球競爭者，除非有能力予以因應，也終將遭到壓力，縮而消失。換言之，由於全球化所帶來的壓力，強迫一企業經營必須更上層樓，故步自封必將遭受被淘汰的命運。

第五是來自領導者的力量：傳統的領導者是基於他的職位所賦予的權威，然而隨著今後的組織走向團隊化和扁平化，領導者與職位之間變得沒有多大意義。團隊之組合乃隨任務而變動，在不同的組合中，由誰擔任領導者並非固定於特定一個人，而要看誰最適合，最能讓團隊發揮其能力。同時這種領導者，也不是表示他什麼都知道，或是他比其他成員都強，以至於他可以主宰一切或否定一切。也許說來，這種領導者像是歷史傳說中的劉邦，他帶兵打仗不如韓信、運籌帷幄不及張良、在行政後勤補給方面不如蕭何，但是他能

> **管理**
> 一場數位之旅

激發大家為了共同的目標而努力的熱誠，發揮各個人在專業領域上的所長。

最後是來自文化的力量：在傳統的組織裏，人們恪守本分，依照自己職位聽從上級命令，都有一定規律可循，這是依照機械理性法則的管理方式。但是在強調自主與彈性，追求創新的組織裏，賦予工作者動機、方向，尤其是團隊精神的培育，主要靠著來自文化的力量。這也就是近年來大家所常聽聞的企業文化。透過企業文化的塑造，提供人們追求的遠景，建立行為的規範，培養對組織的認同感，以及達成任務的成就感。這種源自文化層面所產生的力量，比起來自傳統管理那種指揮、監督、賞罰所產生的力量，不但更徹底，而且更富有彈性和活力。

結語──關鍵在於工作者的角色和心態

真正說來，在未來的動態組織中，人們可以不需要過去那種機械性和繁瑣的管理，乃和工作者的角色與心態有密切關係。在動態組織裏，公司內部本身即形成一人力市場，在這市場中的人員，不是朝九晚五的按時上班，只要不犯錯就可以安穩到退休。反之，他必須不斷充實自己的專業知識及能力，並將其貢獻工作上，創造自己的價值。這個觀念的轉變對每一個人都形成一種壓力，大家自動

自發後，就不需要龐大的總管理處來監督，很多管理工作自然可以消除了！

總而言之，所謂走向不需要管理的管理也者，乃是指不合時宜，沒有作用的管理。這種管理主要發展於工業社會初期的環境條件，也配合當時的管理需要，它們是比較偏向機械性和理性的。今後我們仍然需要管理，但它們卻是講求創新和更合乎人性的管理。

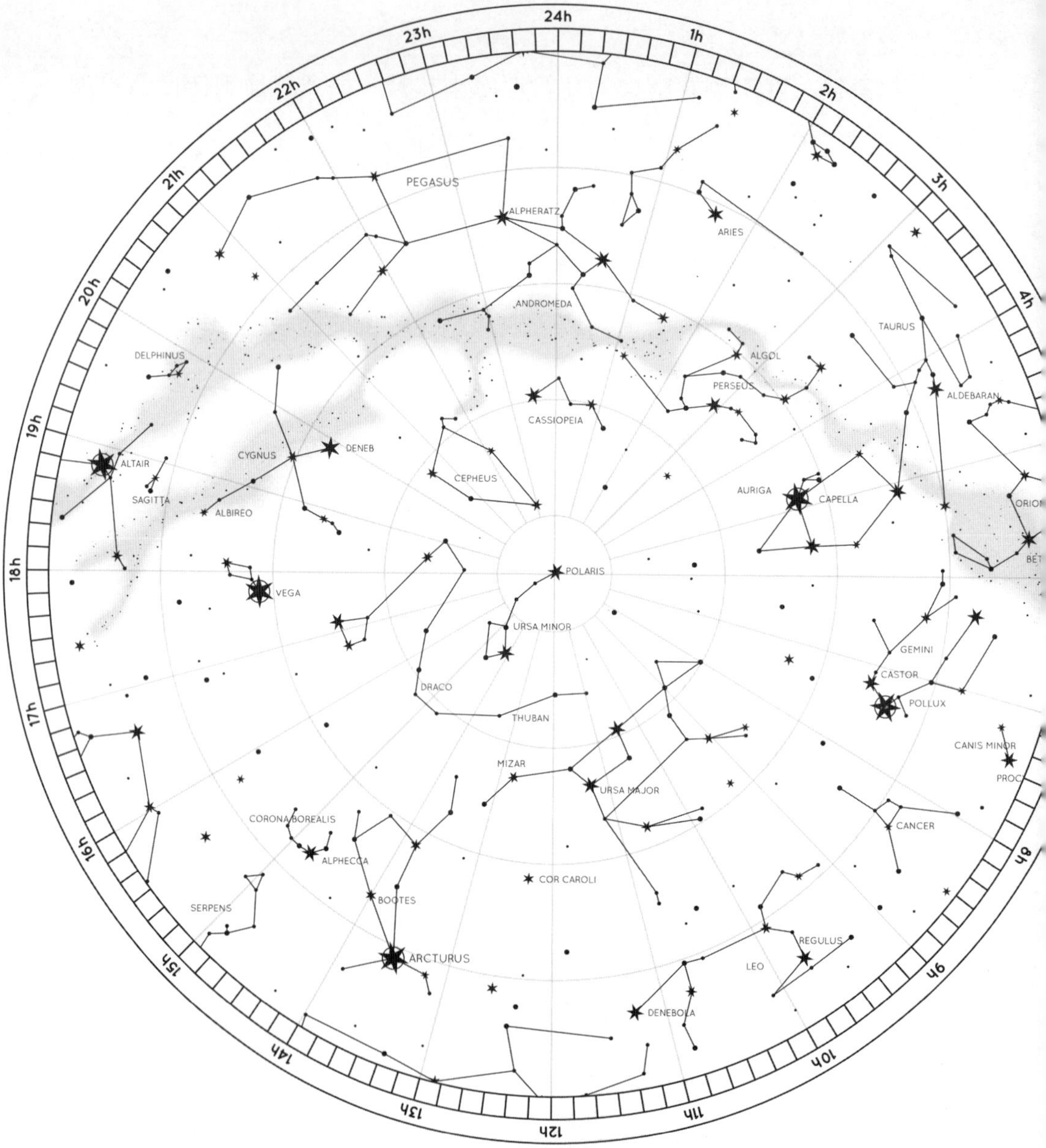
24h
1h
2h
3h
4h
23h
22h
21h
20h
19h
18h
17h
16h
15h
14h
13h
12h
11h
10h
9h
8h
PEGASUS
ALPHERATZ
ARIES
ANDROMEDA
TAURUS
ALGOL
PERSEUS
ALDEBARAN
DELPHINUS
CASSIOPEIA
CYGNUS
DENEB
ALTAIR
SAGITTA
ALBIREO
CEPHEUS
AURIGA
CAPELLA
POLARIS
VEGA
URSA MINOR
GEMINI
CASTOR
POLLUX
DRACO
THUBAN
CANIS MINOR
MIZAR
URSA MAJOR
CORONA BOREALIS
ALPHECCA
CANCER
COR CAROLI
BOOTES
SERPENS
REGULUS
ARCTURUS
LEO
DENEBOLA

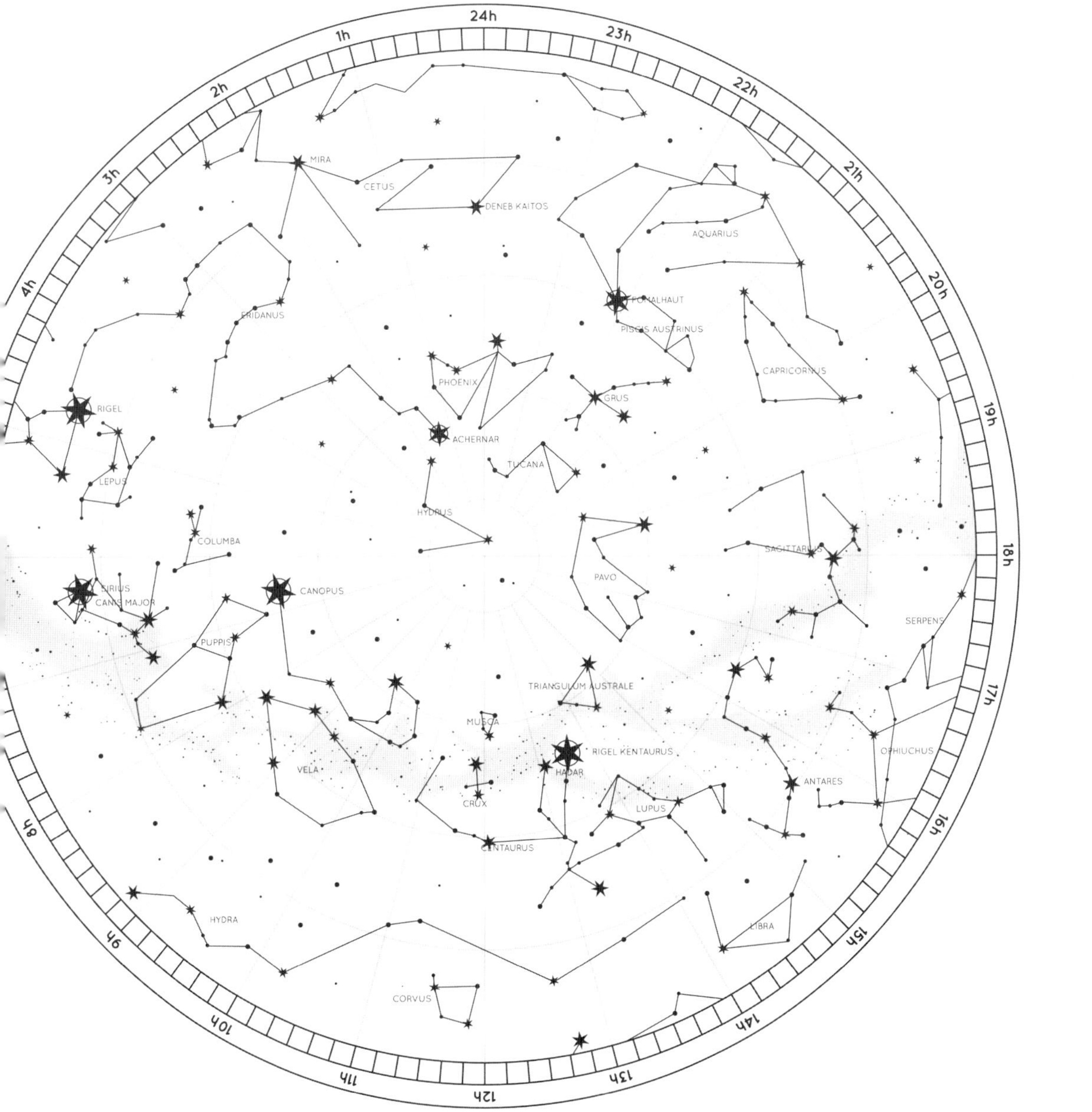
24h
1h
2h
3h
4h
23h
22h
21h
20h
19h
18h
17h
16h
15h
14h
13h
12h
11h
10h
9h
8h
MIRA
CETUS
DENEB KAITOS
AQUARIUS
FOMALHAUT
PISCIS AUSTRINUS
CAPRICORNUS
ERIDANUS
PHOENIX
GRUS
RIGEL
ACHERNAR
TUCANA
LEPUS
HYDRUS
COLUMBA
SAGITTARIUS
PAVO
SIRIUS
CANIS MAJOR
CANOPUS
PUPPIS
SERPENS
TRIANGULUM AUSTRALE
MUSCA
RIGEL KENTAURUS
HADAR
OPHIUCHUS
VELA
CRUX
ANTARES
LUPUS
CENTAURUS
HYDRA
LIBRA
CORVUS

管理
一場數位之旅

第二章

1
為什麼進入數位時代，層級組織結構會解體？

　　組織也者，乃是提供人類在分工合作上的基本架構和機制；換句話說，組織是為了解決人們在工作上意見溝通，行動配合上的問題。聖經上所說，人類之所以蓋不成巴貝塔，就是耶和華上帝經由變亂人類話言，使他們無法溝通所致。

有關「組織」的思維慣態

　　在一般人觀念中，一談到組織，腦海中就出現一種「金字塔」型態的結構；再一談到制度化，馬上也就聯想到建立層級，分設部門，劃分責任和資源，規劃作業流程這一類工作。

　　這種思維上的慣態，可以說是人類百年、千年留下來的約定俗成。人們發現，要做到「群策群力，以竟事功」──也就是「管理」

管理
一場數位之旅

——就要將一群人員，根據工作內容分門別類予以分配；再利用層級結構，由上而下，統轄指揮，課以責任。經由這種結構設計以達到「如臂使指」的效果，長久以來，這一套想法被奉為圭臬，也是所謂「韋伯式組織模式」的精髓。

雖然這種層級結構，提供了分工合作的一種解決模式，但是真正說來，並不理想，因為這種設計存在有一些本質上的阻礙和限制。

並不理想，但不得不接受

具體言之，這種封閉型的組織，如何從外界發現和取得達成任務所需的人才與資源條件，煞費周章，不但十分困難，而且必須負擔高昂的交易成本。

再對內而言，組織內部每一部門或每一成員所分配到的任務是十分局部的，使得他們往往基於本身利益關係出發，見樹而不見林，造成山頭主義。更為嚴重者，由於個別部門和成員被賦予的工作和責任，是被動的，因而難以引發強烈的工作動機和熱情。結果他們的作為，只是應付或交差而已，難以發揮主動的精神與隨機應變的彈性。

所有這些缺陷，人們不是不知道，但在當時的溝通和連接的技

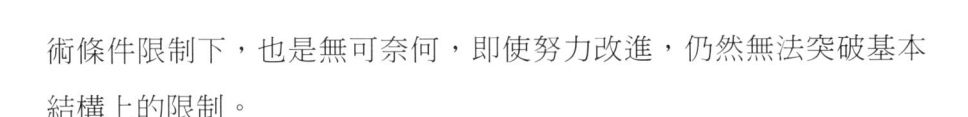

MANAGEMENT: A DIGITAL JOURNEY

術條件限制下,也是無可奈何,即使努力改進,仍然無法突破基本結構上的限制。

「連接革命」開啟新機

非常幸運地,如今人類已進入「網路時代」,上述情勢發生重大改變。主要是由於互聯網的發展,使得人類在連接上發生奇妙的改變,既能克服時空距離,也跨越組織界線;不但結合供需,也整合了虛實,帶動了前所未有的「連接革命」。

誠如馬雲在他所著《未來已來》(2017)書中所說:「未來會有一個新的世界誕生,這個世界會被稱為『虛擬世界』。這個世界會有一個新大陸,在這個世界裏,所有人都會在網路上發生關聯。」

這時,不但組織的人,對內可以直接隨需發生關聯,對外也不受界限的限制。這情況,也有如馬雲在同一本書中所說的:「不管你用什麼方式,都可以全球買、全球賣。」就像阿里巴巴所做到的那樣。

在這種隨意連接的狀況下,人們可以擺脫層級結構下的種種限制,得以依據任務的需要,透過各式各樣的平台取代層級結構中的僵化,彈性地連接供需。

管理
一場數位之旅

「平台」取代「層級」

特別要說明的是，這種「平台」（platform）組織模式和傳統市場交易模式相較，有幾方面基本差異：

第一，平台中參與的交易對象，不限於一對一的一種固定或串聯關係，而是開放性的，有如競標型態。

第二，構成交易標的的，乃是某種效用，不再限於實體產品或一次性賣斷，而可能是建立某種持續性的關係，譬如在「訂閱」關係下，不但使雙方建立長期承諾關係，而且也形成更合理有效的定價與價格支付方式。

第三，這種平台交易可以累積大量數據；並且經由演算法和人工智慧，可以衍生無限的創新機會和商機。

再者，這種平台，可以脫離個別組織所有，而成為一種公共資源，隨著擴大流量而產生更大價值和收益。誠如學者所稱：「平台崛起，幾乎顛覆了所有傳統的管理做法。」

一個生氣蓬勃的森林

總而言之，將這種平台，放在物聯網的設施內，加上雲端服務

和 AI 這類網路數位科技的運用，所形成的，就有如一個生氣蓬勃的森林；這種生態模式，不但是開放的，而且可以無限延伸，給予創業者必要的機會和養分。

這對於原屬組織中的個別成員而言，他們如今不再是一顆顆螺絲釘，而是一個個自主創業者，有如一位 CEO，可以自己發掘市場業務機會，提出解決方案，透過各種平台尋找和組合所需的人才及資源，以滿足顧客需要，自己也承當風險並獲得收益。

相較之下，傳統的層級組織，儘管外表看起來有如巍峨雄偉的宮殿，但卻是僵化、陰沉而沒有生命的鴿子籠，怎能不被淘汰呢？

管理
一場數位之旅

2

企業管理？什麼是「企業」？什麼是「管理」？
——談商管教育的困境

前言

　　當人們獲知我的職業是大學教授時，一般都會追問一句：「你是教什麼的？」這本是一個簡單易答的問題，我可以直接了當地回答說：「企業管理。」也許這樣就可以交代過去。然而每次當我這樣回答時，心中都感到有些遲疑和猶豫，而且這種反應已經變得愈來愈明顯。因為在我心裏，總是覺得這種回答辭不達意，甚至可能會有誤導作用。這一情況，有如人們問我是哪裏人時，我是該說我的祖籍？出生地？生長地？或是對我影響最大、記憶最深刻或是我最喜愛的地方？同樣地，什麼是「企業管理」，在我心中也包含了許多不同意義。

名稱的源頭

究竟什麼是「企業管理」？其本身乃是英譯而來，此即「business administration」。事實上，它的中譯，除「企業管理」外，在台灣也有大學將其譯為「事業經營」；再說，多年前在東南亞一帶，也有另一個「商業行政」的譯法。

既然有不同的譯名，因此要討論這一名稱的真正意義時，還是回歸英文原名較為妥切。

儘管一般人觀念中「企業管理」本身就是一個完整的名詞，但是如下文中所說明的，實際上 business 和 administration 是可以分開討論的。

應該分開討論

先就 business 而言，可以有不同的意義，既可以說是抽象的「事務」或「業務」，也可以是具體的「事業」、「行業」；再就專業的意義上，還可以引申為「經營之道」。如今將其譯為「企業」，只能表達其中的部分意義。

以 management 取代 administration

再說 administration，原意較為接近中文中的「行政」或「執行」。最早於 1898 年為芝加哥大學首創商管學院時所用的名稱，稍後亦為哈佛大學所用，稱為 graduate school of business administration，不但名聞遐邇，日後也成為這類學院最普遍的稱呼。儘管如此，問題在於 administration 未能包括屬於策略上之作為。因此，1980 年代以後，甚多大學採用 management 取代 administration；例如在台灣，台大於 1987 年首創管院時即採用此名。由於此一名稱較為接近中文中的「管理」，因此，在本文中，改採英文的 management 做為討論之標的，而非 administration。

業務知識的學術化趨勢

依照 business 的原意，在上述脈絡下，主要是指經營之業務。例如以製造業而言，一般是指經營中之生產、製造、行銷、財務、研發、人資之類的功能性業務活動。但是如前文所述，自 1970 年代後，在這些功能性業務之上，又增加一個策略層次，此即賦予一企業某種整體發展方向，使企業得以適應環境潮流，捕捉機會，以建立本身之競爭優勢。這樣一來，使得業務包括有功能性和策略性兩個層次。

重要的是，有關此方面業務知識，近數十年來，由於學者不斷累積實務經驗並予以科學研究，已形成各種不同之獨立學科領域之勢，並構成 MBA 學程之主要內容。

在此所要強調者，乃是這類學科之學術源頭，可能來自基本社會科學，如經濟、心理、社會等等，使得這些業務性知識之發展，也有學術化之趨勢，不但成為有關商管 Ph.D 學位之主軸，也表現為商管學院教師們孜孜不倦所發表的學術性論文，代表他們的學術地位與成就。

知識之落實有賴管理

這一發展，自有其學術上之意義與貢獻，但也因此帶來商管教育上的困境。一方面，商管教育所要培育的 MBA，乃是從事實務之經營者，並非學者；他們所要學習者，為發掘商機，並發展可行計畫或方案之能力，顯然和教師們的努力方向不相符合。另一方面，更為基本者，就是即使有了這種計畫或方案，然而要能真正產生效果，還必須透過人員的行動予以實施。此時所涉及的，絕大多數情況下，不是一個人，而是群體，不但人數眾多，可達百人、千人，甚至萬人以上，尤其這些人員各有不同的性格、態度、知識背景，以及文化價值觀念等等，不可能依照業務計畫或方案照表操課。在

管理
一場數位之旅

　　這種複雜情況下，人們之工作態度與行為，不可能是原規劃者所能想像或可以事先納入設計。這時所需要的，就是「管理」。

　　管理和業務知識之差別在於，它所處理的，乃是屬於人群之行為，一般不是理性的、邏輯的，更不是機械性的，還要包括倫理與美學成分在內。

　　所謂「管理」，即是如何讓這些人員，在變動不居的現實環境中能夠依據計畫或策略之構想，忠實而認真地分工合作，產生效果。這也說明了，為何在 MBA 課程中，在各種業務活動之名稱上都必須加上「管理」一詞，例如策略管理、行銷管理、財務管理、資訊管理之類。

　　不幸的是，一般人並未察覺在商管教育中這兩種不同性質的內容。事實上，商管教育不能只偏重在理性的業務知識，更要重視人性的管理能力，在這意義下的「企業管理」，應該才是培育商管人才的正途。

MANAGEMENT: A DIGITAL JOURNEY

③
在數位化組織下，「人」的主體化發展

　　在本書中，曾討論數位時代下的企業經營和管理，唯所採取的，主要乃自組織或領導的觀點。然而在現實上，人們愈來愈認為，在組織內員工應該才是真正的主角，由他們帶動創新，創造價值，而非工具。因此在本文中，嘗試自個別員工立場探討他們所扮演的開創性角色。

「人力資源管理」的歷史發展

　　講到員工和組織的關係，人們馬上會想到「人力資源管理」（human resource management, HRM）這一課題。事實上，這一課題之所以發展成為今天 MBA 一門主課，乃代表一種歷史演變的結果。它的前身，在 1960 年前，一般稱之為「人事行政」

管理
一場數位之旅

（personnel administration），其後改稱為「人事管理」（personnel management），到了1980年代之後，HRM這一名稱才普遍起來；人們認為人力代表一種可以成長的資源，而非成本。

人只是一種資源條件嗎？

將人力視為一種資源，雖然代表一種進步的觀念，但其背後，仍然假定組織本身才是主體。由這主體雇用員工，提供就業機會和工作場所，並就其付出的勞力給予薪資待遇。在這觀念下，員工只是扮演一種工具的角色，主雇之間所發生的，乃是屬於一種經濟性質的交易行為。即使近幾十年來，這種關係已發展為超越單純經濟性交易範疇，雇主除了提供薪酬待遇外，還必須顧及員工身心健康和福利。但是基本上，這一切仍然不改員工做為一種資源的角色。

由「管理」走向「統理」

問題在於，將人視為一種資源這一觀念，近年來已受到置疑或挑戰；人們認為，「人」不應該是一種屬於工具性的資源，而應該是組織的主體。譬如近年來人們在有關「公司統理」（corporate governance）角色上之討論，已納入諸如「利害關係人群」、「企業社會責任」（corporate social responsibility, CSR）、「生態永續」

（ecological sustainability），或 ESG 這些觀念，認為它們應該凌駕於企業盈利目標之上，使企業朝著所謂的「社會企業」（social enterprise）的境界發展。

在這些觀念下，很自然地，員工不再只是一種屬於「資源」（resources）的角色，而是企業的主要「利害關係人群」或「統理者」之一；換言之，員工們不再只是企業所需要的「手」，反而企業應該是讓員工發揮理想，實現個人價值的平台。

企業面臨極大挑戰

這種巨大改變，顯然帶給企業在經營上一個極其艱鉅的挑戰。

有人樂觀地認為，這樣的企業，必將引發員工的向心力，努力工作以為回報，其結果，必將有利於企業達成其財務方面之目標。但是，不幸地，根據事實經驗及實證研究，員工所獲較高「工作滿意度」（job satisfaction），未必保證生產力的提升，二者間存在有相當複雜的關係。尤其一旦工作滿意度包括有「工作穩定」（job stability）為其主要內容時，更可能為企業帶來生產力方面的負面效應。

為了避免發生這方面可能帶來的負面反應或負擔，有些企業企

管理
一場數位之旅

圖以自動化或外包方式減少對於員工的雇用。問題在於，這種做法有其限度，而且對於企業的長期和健康發展也有不利影響。

當前的一種積極做法，乃是鼓勵企業經由創新，一方面既可提高企業的財務收益；另一方面，也更重要地，乃因此讓員工主動參與這些創新活動，當家做主，獲得心理上更大的成就感。

數位時代下的組織發生重大蛻變

令人興奮的是，進入數位時代後，人們發現另一道曙光。此即在數位化環境下，企業組織型態發生根本性質上的改變，此即脫離傳統上那種層級結構和部門分工模式，朝向扁平化、去中心化和虛擬化方向發展。一旦如此，組織本身將不再是傳統上那種以「分工」和「標準作業程序」為圭臬的「執行」機制，而轉變為一種以孕育和協助成員「創業」的生態環境。換言之，工作場所不再是只為了工作，而是一種激發和匯集創意的泉源，人們藉由社群網路做為連接和互動的工具。

在這種虛擬化的組織環境下，成員們不再歸屬一個固定不變的單位，像一顆顆「螺絲釘」被動地在公司指揮或監督下上班或上工，而成為一個個「自主經營單位」，以一種創業主或 CEO 的角色，主動發掘顧客需求，開發商機。他們經由各種性質不同的平台和雲

端設施，獲得內、外資源及經營上的參與及支持，自主負責，謀求生存和發展。

員工由工作的手而成為組織主體

　　基本上，這種以人員為主體時代下的組織趨勢有不同名稱，諸如「自組織」、「蜂窩群組」、「小微企業」、「阿米巴組織」等等，也有學者稱呼這種組織為「合弄制」（holacracy）。它們似乎並沒有一種固定的型態，而是配合不同環境和數位化條件而有不同的做法。但是可以確定的，在這個趨勢下的員工，可以擺脫種種硬邦邦的框架約束，有機會在許多事情上表達自己的觀點，提出自己的想法和做出決定，展現自己的性格、毅力和能力。但重要的是，他們同時也承擔後果和責任。

　　簡而言之，也許與一般觀念相反的是，在這種組織型態下，「人」不再只是資源，而是「主體」！

管理
一場數位之旅

4

Beware! 專業工作者在數位時代面臨的挑戰

在本文中所要探討的，乃是進入數位時代後，社會上一般所謂「專業工作者」可能受到的影響。

不是什麼行業都是「專業」

不過在進入本主題之前，必須先就專業或專業工作者的意義予以說明。這主要是因為，在台灣許多人心目中，往往將「專業」這一名詞用來代表任何一個知識或技能領域；即使如物理和歷史，也都被稱為是一種專業。而且直覺上，每每誇大地，以為某種主張只要冠上「專業」兩個字，似乎就獲得不容人置疑的權威性。顯然此類見解，含有甚多誤解之成分。

事實上，所謂專業，稱為 professional，基本上乃係專指社會

上具有某些特殊性質的行業，例如醫師、律師、會計師、建築師之類。表面上，它們就是一種服務業，提供客戶某種專業性服務，並依一定標準收取酬勞。然而，他們之所以不同於一般服務業者，乃在於其執業能力，除被認為應以科學知識為基礎外，還必須具有實作技能和經驗。再且，由於這些行業所提供之服務，一般涉及客戶之生命或財產，影響重大，因此，除必須符合一定法定資格條件外，還會被課以較高之「專業倫理」上之責任；譬如在取得證照後，必須加入相關專業社團，如會計師公會、律師公會等等，接受後者有關專業倫理上之規範和監督。

在西方，牧師、教師或職業運動員、影藝人員等等，一般也被認為屬於專業工作者。但至於如自然或社會科學學者，尤其是文史學者，則屬於學術界人士或學者，儘管有其社會上之崇高地位，但並非專業；二者涇渭分明。

專業工作者解決現實問題能力之由來

至於有關上述專業工作，在數位時代，如何受到影響之問題，主要涉及專業工作者賴以解決問題的能力是否將被替代有關。

基本上，此種專業能力，如前所述，並非直接來自人文或科學理論知識本身，而是來自針對具體問題之解決能力，因此包括他們

管理
一場數位之旅

對於服務對象或客戶之特殊環境條件及其問題之瞭解及分析，並因之有能力針對問題，選用適當的專門方法與工具。

由於這種條件和能力與一般學術或研究工作者顯然有別，因此在多數國家，為了培育此方面人才，在大學內或外，設有各種領域之「專業學院」（professional school），如法律學院、醫學院、管理學院、建築學院之類，並依不同專業領域授予不同之「專業學位」，如 JD、MD 或 MBA 之類，而不是傳統上的 MA 或 MS 學位。

數位科技取代專業能力？

問題在於，進入數位時代後，這種專業工作將如何受到網路及數位科技之影響。因此，擬在此先舉一具體發生在金融業的事例，加以說明。

在金融業，例如有關處理貸款審核及發放事項，一向有賴專業人員決定是否核貸及其條件。但是有了 AI 技術之後，以阿里巴巴集團的「支付寶」為例。據稱，顧客只要花三分鐘即可辦好一筆貸款申請手續，而審核是否通過，只花一秒鐘。其間完全經由數位科技及 AI 處理，幾乎不必人力介入。

在這情況下，阿里巴巴每天即能輕鬆處理數以百萬筆交易，而

每筆處理成本僅需人民幣兩元；相對而言，在傳統銀行，此種處理成本每筆卻需高達人民幣兩千元之多。這種改變，對於銀行而言，不但可大量減少實體銀行據點；更重要地，因此使得原有專業人才變得英雄無用武之地。

類似情況也發生於醫療診斷、法律文書處理、廣告購買決策，甚至鋼琴演奏曲創作各方面。不過因限於篇幅，不擬在此一一贅述這些方面的事例。

簡單地說，一旦進入數位時代，此時人們只要在某一領域累積有足夠多的數據，就可能透過演算法，找到更可靠和更有效的解答方法。

基於不同邏輯和依據

值得注意者，為了解決實際問題，應用 AI 之類數位技術，較之於經由專業人員之研判，在性質是不一樣的。概括言之，後者所憑藉的，是科學知識和邏輯判斷；基本上，乃屬一種由上而下的認知推論過程；反之，利用 AI 以解決問題，乃是以大數據為基礎，透過深度學習將其結果應用於決策上，其間具有很高的「不可解釋性」，而非人類的認知能力。

管理
一場數位之旅

基本上,應用專業知識和技能以解決實務方面,如諾貝爾獎學者赫伯特‧賽門(Herbert Simon)所稱,受限於人類處理訊息的心智力量,對於每一案件所涉及的萬般複雜而不確定的因素,預期充分掌握,有極大困難。尤其所用到的社會科學理論知識,在相當大程度內,每以西方社會文化為背景,逕然應將其用於東方社會,亦不免有扞格不入之虞,此為其不及 AI 之處。

「任務侵占」的趨勢下的挑戰

固然,數位技術或 AI,如上所述,有其基本優勢所在,但這並不表示,它們可以取代所有專業性質之工作。何況,其間還涉及侵犯個人隱私權方面之顧慮。但是依近日牛津大學經濟學者丹尼爾‧薩斯金(Daniel Susskind)在所著《不工作的世界》(*A World Without Work*, 2020)之觀察,AI 應用之範圍乃在不斷擴大之中,他稱之為「任務侵占」。

在這發展趨勢下,令人擔憂的是,如近期《哈佛商業評論》(*Harvard Business Review*)(2019 年 6 月底)一篇〈專業讓你盲目?〉專論的描述。目前許多專業工作者對此茫然不知,反而在社會普遍的吹捧下,往往過度自信和自滿,故步自封,令人擔心。

事實上,面對本文所探討之趨勢,站在專業工作者之立場,自

應虛心警惕，謀求適應之道。更重要地，乃是站在整個社會立場，此種發展趨勢，關係到整個職業結構、個人生涯規劃及大眾福祉，更是值得我們給予重大關心。

> 管理
> 一場數位之旅

5

數位時代下，職場及工作型態的動態性發展

曾有學者認為，數位時代的到來，所帶給人類社會和生活的影響，其層面之廣與程度之深，超過往昔的工業革命。其中包括了經濟和產業結構及其運作方式，也因此很自然地改變了人們的工作內容、方法，以及整個職場型態。譬如說，某些工作消失了、被取代了，但又有許多新的工作出現了；更深一層，甚至人類工作的意義和價值也都隨之改變。

這種改變，可來自兩個觀點：一是由於數位科技之興起與發展；一是由於外在環境改變，導致工作本身之消失和崛起。

在本文中，即嘗試就數位時代對於人類工作和職場所帶來的巨大影響，做一簡要的鳥瞰。

「隨連接」創造了極大空間和彈性

自其基本意義而言，數位時代所帶來的，在於人事物彼此間的「隨連接」（ubiquitous connectivity），使得人們可以擺脫時間和空間的限制，透過神奇地連接，創造價值。也在這種背景下，賦予了工作的極大空間和彈性。

世界經濟論壇（World Economic Forum, WEF）在2018年9月發表一份「未來就業報告」，指出四大類數位技術的進步將取代人類大量工作，這四大技術包括行動互聯網、AI、大數據分析與雲端運算。

基本上，人類工作可依複雜程度分為：（一）經由人力操作的；（二）經由認知推理的；和（三）經由情感感染的。

一般而言，屬於重複性、記憶性、邏輯性和分析性的工作最容易被取代。

「自動化」取代的能力與範圍

在工業革命發生之際，被取代的，主要屬於人力操作性質的工作；及至進入資訊時代初期，也取代了部分屬於認知推理層次的工作。但要等到網路高度發展，以及如大數據和AI之類數位技術突

管理
一場數位之旅

飛猛進,發揮極大作用後,大量取代了日益增多的屬於認知、辨識、預測,以及決策層次的工作。

譬如說,取代人力操作的自動化,可以視為工業革命時代的延續。不過由於應用了精密感偵和遙控技術,如達文西手術,大大擴大了自動化的能力和範圍。

「專業性」工作被取代

最令人意外的,乃是許多原被認為屬於「專業性」性質的工作,居然也被取代了。傳統上,此類工作,多依賴工作者經由教育所獲得之專業知識,再依據多年累積之經驗,應用到所要解決之特定問題上,由專業工作者參照當時實際狀況,綜合判斷,尋求解決方案。

但是進入數位時代後,如牛津大學教授薩斯金在其近著《不工作的世界》中所稱,如癌症判斷、貸款核定、證券交易之類問題,由於 AI 的深度學習,如 AlphaGo 所顯示,不必依循人類思考或推理方式加以解決,其表現較人類更好,使得被取代的專業性工作,在範圍及程度上不斷擴大。

整體而言,許多在網前時代,由於受限於技術條件,許多即使想得到,但做不到的工作,進入數位時代後,這一情況似乎顛倒過

來,如馬雲所說,這時的情況是「不怕做不到,只怕想不到」。

在這種工作被取代的狂潮中,人們最感興趣的,乃是「還有那些工作不會被取代?」這一問題。

難以被取代的工作要素

如果應用前此所稱工作三大層次以回答這一問題,所謂難以被取代的,主要應該是屬於第三層次性質的工作,也就是應用到諸如同理心、想像力、創造力、溝通力和學習力這類成分的工作,例如包括有關應用數位技術的起心動念,對於數位技術的選擇及應用方式,還有過程中相關人士間之溝通等等。這些元素並不等於數位技術,但是它們都可賦予數位技術工作以靈魂或精神。在許多情況下,應用數位技術,缺少這些元素,將使數位技術本身難以發揮其作用和威力。

換一個觀點,隨著數位技術之普遍發展及應用,已逐漸成為一般性配置,技術門檻大為降低。在這趨勢下,也使得屬於人性方面的能力愈形重要。

因此才會有「AI是魔術棒,而人才是魔術師」的說法。

至於在數位時代,可能有那些新的工作將因網路及數位技術的

> **管理**
> 一場數位之旅

發展而出現？

　　事實上，這一答案應該是動態性的；此即隨著數位技術的發展，將會改變或推展新的工作內容，而不是取代原有的工作。最明顯的例子，就是隨著 AI 或區塊鏈之類技術躍進，大大地擴大了其應用範圍和內容。

驅動新工作的外在動態因素

　　驅動這種新增的工作的力量，還不限於數位技術的本身的進步，更多是來自外界環境的變化和挑戰，例如氣候暖化、生態危機、能源開發、流行疫病防治、老年照顧、太空開發等等。人們為了解決這方面的問題，開發了許多過去未嘗採行的工作，其中必然應用了網路和數位技術。

　　再如人類進入數位時代，一方面在產業結構和運作方式方面，打破了傳統的組織和產業界線，使遠距工作及虛擬組織成為可能；另一方面，又改變或顛覆了人類傳統的生活和經濟運作方式，如一般所稱的共享經濟、循環經濟、零碎經濟、訂閱經濟等等，凡此帶來各式各樣的新工作內容和型態。

自主創業驅動力量

其中,對於企業經營產生最大衝擊影響的,就是如被稱為阿米巴或小微企業等名稱的自主創業型態之蓬勃發展。在網路及數位技術之支持下,企業可透過平台運作及雲端運算服務等,使得員工個人得以配合任務及顧客需求,趨向自主化和彈性化的經營方式。在這種情況下,使往昔以分工為主的工作,傾向於整合性的創業性工作。這種工作所需要的能力和行為模式,和傳統細密分工型態是十分不同的,也可以算是廣義的數位時代下的新工作。

管理
一場數位之旅

2-1
決策

1 「理性決策」，是真正的「理性」嗎？

毫無疑問地，決策（decision making）應屬管理中一個重要的環節；從某一種觀點言，決策幾乎發生於所有各種管理功能中，包括策略、目標、組織、溝通和控制等等。在這些功能中，只要同時有幾種可能選擇時，就有決策需要。自此觀點，決策在管理中之關鍵地位不言而喻。

問題在於：什麼是有效或正確的決策？

事實上，凡是決策都是有關未來行動之選擇，其有效或正確與否，是不可知或不確定的，因此所造成決策的困難，乃是自古以來人們無不殫精竭慮地謀求解決的一個問題。

目標或方案的選擇

事實上,分析決策是否正確,涉及兩個層次:一個是所選擇的目標是否正確;再則是在一定目標下所選擇的方案是否正確。二者所考慮的方向和因素以及分析思維並不相同,尤其前者所要考慮的對象,既極開放又極複雜。因此在本文中所要討論的,乃屬既定目標下的決策問題,也就是第二層次的問題。

在這層次上的決策問題,在多數有關管理學教科書中,率多以所謂「理性決策」(rational decision-making)做為「規範」(norm)或解決之道。

然則,究竟什麼是理性決策?

究竟什麼是「理性」?

這時我們已將討論焦點,自決策移向什麼是「理性」(rationality)的問題。

講到「理性」,人們馬上就會聯想到經濟學這門學科。在經濟學中,討論人類行為,傳統上,即建立在一種虛擬的「經濟人」的假定上;此即其決策,就是依不同做法下所將導致後果的利害得失做為基準,因而發展出所謂的「理性選擇理論」(rational choice theory）。

基本上，管理學延伸了這種觀念，在一般教科書中，因而也就發展了「理性決策程序」。簡要言之，這一程序中大致包括了以下幾個步驟，例如：

- 界定問題或機會。
- 確認目的與目標。
- 根據目標的重要性給予權重。
- 發展若干可能方案。
- 考慮每一行動方案的可能後果。
- 就不同方案的後果根據目標給予評分。
- 依評分高低選擇最適決策。

程序性決策架構等於是一張「空白支票」

非常顯然地，依照這種理性決策程序將導致的決策結果，是非常不確定的；因為在這程序中，給有太多「空白支票」的機會，其中包括「目的與目標」本身及其權重，「行動方案」的設定及其後果的推斷，以及方案評分本身，幾乎都可以隨決策者的主觀意向而定。因此，在同樣的理性決策程序之下，一般可能產生極不相同的

決策。實在說來，這種理性程序最多只是一種選擇架構，並不涉及實質內容。

講到實質內容，一般而言，理性決策也會考慮到兩方面因素：

合乎科學知識的要求

第一，在西洋哲學上，所謂「理性」（rationality），就是依照科學方法以發現事物的「真實」（reality），如此發現的結果稱為「科學知識」。在此所謂理性決策，就應該依照科學知識的內容以行決策。但是這麼一來，問題是：

首先，一般所謂科學知識，基本乃指某種「科學理論」。然而，所謂「科學理論」，尤其在社會科學方面，本身並非真理；針對同一問題，就可能有多種理論，它們之間可能建立在不同科學典範（scientific paradigm）之上，不僅彼此扞格不入，甚至相互矛盾。譬如某些同樣贏得諾貝爾獎的經濟理論，就有這種情況。在這情況下，決策者究竟應該依照那一理論才算「理性」？

何況，在某些有待決策的問題上，未必都能找到可資信賴的科學知識。難道這時就該「因噎廢食」地，把決策擱下等待適合的理論產生嗎？

「正當性」的倫理要求

再者，理性決策的實質內容，一般也應符合有關「正當性」（legitimacy）的要求；譬如說，有違善良風俗或倫理的決策，就應排除在理性決策之外。

有關這點，似乎也有值得討論的問題。

首先，所謂倫理價值，並不是恆久不變的，往往隨時空環境而改變。例如在一國經濟發展前期，人們一般以生產開發為正當；但到了今日，人們卻都認為，維護自然環境生態更為重要。更為嚴重者，如美國開國初期南方地主們畜養黑奴，並不為過；但在今日，都被認為是極端不當的種族歧視行為。

如此看來，在某時某地被認為屬於理性下的正當性決策，時空改變了，也會變為極不合理的決策，使得所謂理性決策，也不過是一定時空條件下的「理性」而已。

其次，什麼是倫理價值，其正當性與否也會隨不同利害關係人群的立場不同而有不同的看法。例如，在買方與賣方之間，在雇主與受雇者之間，在進口國與出口國之間，都可以提出一套認為合理的主張；尤其明顯地，就是在於不同政黨之間，各方都認為自己所主張的具有正當性，也能舉出支持自己主張的論據。在這情況下，

又如何決定何者是真正的——或最後的——理性下的正當性呢？

既不客觀也不確定

從以上的分析看來，一般所稱的「理性決策」，只是在一定時空條件下自做主張的「理性」而已；既不客觀，也不確定。

2
未必「理性」，但卻「真實」的決策

人們看待一個現象或問題，一般可採取兩個觀點。一個是針對這問題或現象，企圖發現現實狀況或是其背後或潛在的道理，譬如天為什麼會下雨？社會上為什麼有人會犯罪？

行為或規範觀點

另一個觀點，則是針對某一問題或現象提出期望中的理想狀況。譬如以企業之組織文化來說，前一種觀點意指這一企業目前的組織文化狀態如何——不管是好是壞；而後一種觀點，則為人們所希望的理想的組織文化狀態。為了區別這兩種觀點，在學術界，一般稱前者為行為或 positive 觀點，後者為規範或 normative 觀點。

如果將上述兩種觀點應用在決策問題的探討上，同樣地，一

種是客觀地描述現有的決策方式；另一則為探究什麼是最有效的決策方式。就一般管理學教科書中所討論的決策，多屬於規範觀點：也就是如何達成最有效決策的做法。例如先前討論的「理性決策程序」，就是理想中的決策狀況。

然而在本文中所要討論的，則是在現實中人們究竟如何做決策。

真實環境下的決策

基本上，隨著企業經營環境愈來愈不確定和愈難預測，使得企業為了尋求本身未來之生存發展之道，也愈來愈困難依照過去和現狀以預測未來趨勢以行決策；取而代之者，則為以企業未來之願景或使命取代事實現況以為依據。換言之，這種決策所依賴者，乃在於決策者的透視力與意志力，以及企業文化這種較抽象和無形的能力，而非客觀性的邏輯。

當代管理大師亨利‧明茲伯格（Henry Mintzberg），就曾對於現實中人們如何決策，懷疑它會像教科書中所描述的那樣有條不紊，做些所謂規劃、組織、用人、領導或控制這些事。為了證實這一點，他乃親身觀摩和體驗企業人士的行為，結果發現他們實際上花最多時間的，乃忙於處理危機。

尤其在策略規劃方面，他發現，經理們並不是如教科書中所描繪那般，依據歷史軌跡、科學數據和客觀分析以行決策，而是憑藉直覺、價值判斷、個人認知、社會互動，以及在隨機應變的調整和學習等狀況下，做出決策。這種決策，在相當大程度內，不但受到決策者個人的意志力和判斷力的影響，也和他個人在組織中的地位、人際關係、生涯發展企圖心等等因素脫不了關係。

　　就可能由於這些個人條件和認知的差異，使得有些人會看到某些機會的存在，有人卻看不到；有些人能有克服社會與環境中各種阻力的意志和毅力，有人卻沒有。

方案之「後效」是依照理性推斷而來的嗎？

　　再說，依理性決策程序，有關最佳方案之選擇，乃是由於這一方案所能帶來之「後效」（consequences）較其他方案所帶來者為佳。因此，問題關鍵在於所推測之「後效」是否靈驗；此即方案施行後所涉及的各方反應，是否也都是合乎理性的假定，顯然，這一假定是大有問題的。

　　事實上，如果人們真的將上面所說的這些因素都納入考慮，將使得決策問題變為極端錯綜複雜，不可能如理性決策所描述的那樣清晰和有條不紊。這也說明了，何以近年來學者對於管理的研究，

傾向於從量化方式轉變為質性或行為性質的研究，認為如此反而比較符合科學研究實事求是的精神。

有趣的是，儘管人們在現實環境中依據上述行為觀點從事決策，然而我們都發現他們在公開場合往往卻提出屬於規範性的理由加以合理化的包裝，以贏得人們的支持。這種實際上雙重──甚至矛盾──的現象，更是人們在政治領域常用的伎倆。

直覺式決策

其實，在現實世界中人們經常所採的決策方式，多是靠即時反應和判斷，也就是所謂的「直覺」（intuition）。

這種直覺式決策，可能發生於不同情況。有時乃由於時間緊迫，不容有所遲疑；但更多時候，卻正是由於問題過於複雜而不確定，既沒有適合知識或經驗可資應用，也理不出一個頭緒，結果只好憑直覺決定。

這種直覺式決策也不是沒有道理的，在這種決策的背後，一般和決策者個人在潛意識中的知識經驗有密切關係。因此，人們又將這種決策方式稱為「專家直覺」或「educated guess」，並不將其排除為一種可以接受的決策方式。

有關這種決策方式，讓我們想起美國一位「實用主義」（pragmatism）大師威廉‧詹姆斯（William James）曾經說過一句名言，他說：「人們做的，是他能做到的事，而不是想做或應該做的事。」所意涵的，應該就是指這一種決策方式吧！

> 管理
> 一場數位之旅

3
邁向「智慧化管理」時代下的決策

　　在人類社會中，所謂「管理」，就是要獲得兼具「效率」與「效果」的績效。簡要地說，前者在於「連接」是否得當，後者則在於「決策」是否正確。就「連接」而言，隨著網路和數位科技之發展，得以擺脫傳統上那種層級分工結構的束縛，進入所謂「隨心所欲」和「虛實整合」的境界，已獲有驚人的進展。有關這方面的改變，在本書中已有多次論述，因此在本文中，雖然同樣自網路世界的觀點出發，但所探討者，卻在於「決策」方面之轉變。

　　所謂「決策」，此即管理者為達成某種任務或目標，如何自不同途徑中對於最佳者之選擇。此一問題，一向被視為管理功能之核心，也是一般管理學中所聚焦的議題之一。

傳統上的「理性決策」模式

傳統上,有關決策之討論,一般所遵循者,乃所謂「理性決策」模式。此種模式,大約有幾點特色。首先,在有關基本目標之界定上,一般所採者,乃在於所謂「規範性」的應然觀點,而非「行為性」之實然觀點;舉例言之,過去所追求的「利潤最大化」,以及今日的「企業社會責任」或「永續性」目標,不論何者,主要都是建立在當時社會對於「正當性」的認定上。

其次,在上述目的下,近年來一般多再提出諸如公司願景、策略及競爭優勢之類策略思維,以為決策之指導性原則。

第三,在上述目的與策略下,決策者遂針對決策問題,發展不同解決方案,以供採擇。

第四,此時,決策者將預估不同方案所能帶來之結果,進行比較,並據以選擇。

依照理性決策模式,有關上述步驟之進行,在組織上,一般乃依循由上而下的程序,先由高層主管做策略性決策,然後轉變為戰術性及作業性之決策,由中下屬人員採取行動,加以配合。同時,在這些過程中,人們也發展出各式各樣的邏輯性或作業性之決策工具,例如我們所熟知的五力分析或 SWOT 分析之類,以為協助。

表面上，這套決策程序和做法，不但言之成理，而且可以表現為各種數學模式，顯得十分嚴謹，極有說服力。

理性決策模式與現實世界的鴻溝

問題在於，這種理性決策模式，在實際上，每和現實世界之間存在有某些難以克服之鴻溝。首先，除了所揭櫫之目的是否被認真接受外，一般而言，依理性決策程序，決策者必須將各種與問題相關之因素依某種邏輯關係表現為一種「觀念模式」（conceptual model），以為分析比較之依據。

問題在於，這一觀念模式，事實上，不可能將所有可能的相關因素包括在內，而不得不有所選擇。此時，究將如何抉擇或排除，每因人而異，各有見地。尤其可能是，在無意識狀態下竟然排除了某些極為關鍵的因素，以至於相同的一個問題，極有可能發展出不同的決策模式，因而導致不同的決策答案。使得表面上看起來似乎是客觀而嚴謹的決策程序，實際上卻是十分主觀而不確定的。

再者，這種理性決策，還有一個似乎是屬於技術性的基本困難。此即如何將模式中屬於所謂「構念」（construct）性質之因素轉變為「可操作化」的手段或具體行動，其間空間極大。而最後所選擇者，也不過只是眾多可能的行動中之一而已，這又造成決策上

之極大不確定性。

基本上，這就是一般人們所說的「理論與實務的鴻溝」。更根本地說，這些都和理性決策程序中扮演主要角色的「觀念性」思維，以及「由上而下」的階層性程序有關。

「新石油」能源的發現與人工智慧

為了克服這方面的問題，大約在 2014 年左右，有牛津大學網路研究所教授維多·麥爾—荀伯格（Viktor Mayer-Schonberger）等學者，提出所謂依「大數據」以行決策的主張。他們認為，決策應依據「實然」的事實行為數據，而非基於「應然」的抽象觀念推演而來。只要擁有大量數據，人們便可透過各種所謂資料探勘（data mining）工具和技術，發掘商機，形成決策方案。

這種主張，一時之間轟動世界，使得數據被視為人類經濟發展史上的一種「新石油」能源，經由這種新能源之利用，勢將整個改變資本主義的運作及其性質。

這種決策典範的改變，近年來又加上有關「人工智慧」（artificial intelligence, AI）的發展，大放異彩。此即將仿效人類神經系統之演算法，應用「深度學習」（deep learning）於大數據上，由機器

——而非人工——發現或學習其中蘊含之關係。此一途徑，既不經過觀念之理論建構，也不依據某種因果關係。換句話說，這種決策方式，對於所發現的關係，透過所謂「特徵工程」（feature engineering）只求「知其然」，而不求知其背後之「所以然」，使決策得以避開上述之人類主觀認知上的不確定性。

在麥爾—荀伯格口中，此種稱為「野生資料」的數據，代表在正常情況下所發生而未經修飾的狀況。表面上，它們可能是雜亂無章的，然而它們卻是真實的，而深度學習演算法正是針對這些雜亂狀態而能予以有效處理的妙方。

智慧化管理時代的到來

基本上說來，這種突破，乃建立在幾個基本條件之上：一是互聯網之普遍化及偵測技術之發展；其次是在資料傳輸速度及儲存量方面之驚人進步；第三是有賴學者在類神經網路上演算法的突破。當然，這一切，除了涉及硬體基本設施和軟體技術的巨大進步外，也和這方面人才培育有密切關係。

做為決策工具，AI 之基本性質，並非如 ERP 或 CRM 這樣的一種系統建構，而是代表一種演算技術，並可設計成為客製化 AI 晶片，納入產品或運作系統之內，成為今後所有計算裝置中不可或

MANAGEMENT: A DIGITAL JOURNEY

缺之一種「智慧化」能力，到這時，人類便可跨入一個被稱為「智慧化管理」的時代了。

管理
一場數位之旅

2-2
溝通

MANAGEMENT: A DIGITAL JOURNEY

當「溝通」蛻變為「連接」
——數位時代下的企業經營

如果說，管理是透過「群策群力，以竟事功」以創造績效，達成任務的話，則如何讓人與人之間能夠充分溝通，應該是有效管理的必要條件。

想想看，以我們一般所瞭解的種種管理功能，如領導、規劃、組織或控制之類，莫不依賴有效的溝通。由此可見，溝通這一功能在管理上的絕對重要性。

這也是本文中所要闡述的重點。

由語言到文字的溝通

從歷史觀點，人類所使用的溝通媒介，最先是語言。問題在於，

管理
一場數位之旅

僅僅依賴語言的溝通，在沒有現代溝通科技之前，一般是近距離和是直接的，而且稍縱即逝，最多是以記憶方式保存在腦海中，極不穩定可靠。

在這種狀態下，依賴溝通，對於有效管理的幫助是十分有限的。

相形之下，要等到人類有了文字做為溝通媒介之後，上述情況大為改善。這時所傳達的內容，不但不會「口說無憑」，而且是明確而持久。尤其重要的是，人們可以將複雜的文字內容予以分類或歸納，予以抽象化和精緻化，到了這一層次，管理才可能形成規則或政策，最後才有形成理論的可能。

但是，即使有了文字這種溝通工具，在今天眼光看來，這種溝通仍然是僵化而不便的，而且可能所費不貲，因此所帶來的「交易成本」，成為長期以來管理上所要處理的主要問題和挑戰。此外，還有所謂的「資訊不對稱」，也造成了市場失效的主要原因。

「強連接」是企業經營僵化的根源

在工業經濟時代，企業為了克服這些困難或問題所採對策：對外，仰賴併購或投資以及契約；對內，採取細密分工和層級組織，

進行嚴密監督和控制。問題是,在這種「強連接」的溝通下,使得企業成為硬邦邦的一種封閉式的組織,失去因應外界變化的靈敏和彈性,造成管理僵化的根源。

很幸運地,等到人類進入數位時代之後,上述溝通情況大為改觀。在網路世界裏,幾乎所有人都會可能連結起來。在所謂「隨連接」狀況下,人們可以隨時、隨地、隨意連接,數以百萬計的買方和賣方得以透過各式各樣方式互相連接。這種無遠弗屆、變化無窮的可能性,遠遠超過人們過去所能想像的狀態。

數位時代的「隨連接」環境

扼要來說,人們描述數位時代是:互聯網構成基礎設施,資訊串流和在線化成為新常態,大數據變為世界新財富,而演算法成為一種公共服務。在這情況下,使得經營管理上的溝通呈現一種完全不同的型態和運作方式。可以突破原有組織下的功能性結構、組織疆界,甚至產業分類。不過限於篇幅,有關這方面出現的各種數位科技,不擬在此詳述。

管理
一場數位之旅

雲端、虛擬和平台

以下只舉出在數位時代所帶來的幾項重大改變。

譬如原來粗放地、散彈打鳥方式的溝通,如今可以改變為「精準地」和所要連結的對象動態連接,並成就了達成任務所需的虛擬組織,使得在行銷上,人們多年來所夢想的「供需吻合」得以實現。

再進一步的重大變化是,原屬企業內部的資料中心這種組織,隨著雲端運算科技的發展,可以被專業公司提供的資訊服務所取代;後者利用虛擬化技術,將各種儲存、運算和軟體資源加以配置,提供個別企業用戶利用。這樣不但取代企業在本身資料中心原有的大量軟硬體投資,而且省去管理細節,只要依照用量付費即可。在這層次上,溝通和連接本身也發展為一種服務性產業,創造新的就業機會。

又如隨著「3D列印」科技的發展,用數位化的運算和設備,進行生產製造的虛實連接,使得連接的內容還超出「位元」的限制,將物質性的原子也包含在內,大大改變了產業結構和生態。

總之,數位化的發展,不但改變了組織的型態和運作,更在基本上改變了企業的經營模式。譬如說,經由所謂的「平台」經營模式的「開放性」,容許跨產業、跨地區的連接,使互補和流量趨向

於邊際成本近於零的狀態，以至於近日膾炙人口的，諸如生態經濟、共享經濟和循環經濟等人類經濟型態，也都成為可能。

管理
一場數位之旅

2-3
規劃

數位時代下的企業策略規劃
——既非「鑒往知來」，
也非「謀定而後動」

自從人類社會有了管理觀念之後，首先改變的，就是針對未來的行為，預為之謀，而非想做就做或立即反應。

凡事預則立，不預則廢

缺乏事先規劃的行為模式，缺點既多，也極危險。除了造成捉襟見肘，倉促慌亂之外，更是使得實際行為缺乏連貫性，往往前後矛盾，誤入險區。這些缺失，人類自古以來已有極多痛苦經驗和教訓，不待多言。

事實上，人們採取這種預先規劃的做法，又有兩種不同的重

管理
一場數位之旅

點：一為強調具體的做法或方案本身，一般表現為某種文件，如年度計畫或預算；此時所重視的，屬於靜態的 plan 或 program。一為針對未來所將採取的行為，預為之謀，其中包括目標之設定、內外相關因素之評估，以及方案之構想等等，進行分析和選擇；此時所重視的，並非具體計畫本身，而是屬於動態之 planning 或 programming。

就管理之基本意義而言，規劃應以後者為主。但不幸地，在現實上，人們每奉前者之具體方案為圭臬，神聖無比，而不問此種方案如何產生，是否得當。殊不知，在變化迅速而莫測的環境下，嚴格執行一種僵化的既定方案，不但於事無補，其結果極可能反而是有害的。

時間地平線（Time Horizon）

再一關鍵問題在於，有關人類採行規劃行為所要涵蓋之未來時間，究應多長。一般而言，規劃主要是以一年為度；直到今天，此種「年度計畫」，猶為政府或企業所遵行，視為「標準作業程序」（standard operating procedures, SOP）。

事實上，自從 1970 年代開始，世界上，由於石油危機、國際浮動匯率，以及日本與新興經濟體系之崛起，外界環境急劇改變，使

得以一年為期之規劃——不管靜態或動態性質者——皆難以適應外界情勢迅速與劇烈之變化。故自此之後，企業界改變規劃之性質：一者乃在年度規劃之上，增加不受年度限制之策略規劃（strategic planning）；再者，將此種策略規劃與企業組織與作業程序相結合，自此遂有「策略管理」（strategic management）此一新的經營與管理領域之誕生。

以上乃就過去數十年來有關管理中之「規劃」功能，就其意義及其發展，做一簡要之回顧，做為討論進入數位時代後有關規劃如何改變之背景。

中央集權程序

首先，要在此說明的是，一般的策略規劃，行之於組織中，乃依循一種自上而下的中央集權程序。簡要言之，先有總公司企劃部門，從事外界環境分析，訂定未來策略方針，供各事業部做為擬訂本身長期計畫之依據；各事業部遂可依此訂定本身計畫草案，並依一定組織程序呈報總部；再由後者進行綜合分析，做出必要調整之指示；然後各事業再依總部指示進行修正；最後此等修正後之計畫，經彙整後，由總部核定實施。

這種規劃思維和程序，可說是兩項前提下之產物：一是外界環

> 管理
> 一場數位之旅

境較為穩定，變化不大；再則為，總部一般多專設有規劃部門，擁有較多的資訊及人才，專責進行相關分析與決策。

問題在於，即使在網前時代，上述規劃程序已被發現過於制式化，反應遲鈍，無法因應外界環境之多元化及迅速變化，往昔所謂「鑑往知來」的經驗法則，已難以適用；再者，任何重大決策，都要由總部拍板定案，這種「謀定而後動」的做法，也是緩不應急。

三大迷思

早在 1990 年代之初，已有學者，如明茲伯格指出，此種做法，有如將規劃當做是一種組合零組件為一整體的機械模式。在這背後，包括有三大迷思：第一，「未來是可預知的」；第二，「設計可以和執行分離的」；以及第三，「凡事都有唯一最佳方法的」，這些都是不切實際的想法。

最嚴重地，乃是在這種規劃方式下，其結果反而排除了人們為因應未來最為重要的三個核心要素：此即「洞察力」（insight）、「創造力」（creativity）與「綜合能力」（syntheses）。

嶄新的數位時代

進入數位時代後，種種嶄新技術，如 AI、雲端、平台、物聯網以及區塊鏈等，帶領人們進入一個日新月異的世界，使得未來不再是過去的延續。往昔人們所珍惜的「前事不忘，後事之師」經驗，到時都成為「明日黃花」。

尤其是，隨著網路與數位技術之發展，消費者所扮演之角色也發生重大改變。在網路世界中，他們不但掌握有豐富而即時之資訊，而且可透過群組型態，在市場上呼風喚雨，成為驅動企業發展上之巨大力量。這時，企業之未來，更要配合消費端的風向，自下而上的反應或預應，和過去那種由上而下的規劃模式，迥然不同。

規劃乃是一種學習與反應的過程

換言之，在網路與數位時代，企業策略規劃並非由公司依自上而下之程序，訂定未來應該採行之計畫。反之，所做規劃，乃是為了深化用戶體驗，以大數據做為驅動來源，運用網路與數位技術，以平台和雲端取代傳統的組織和運作。這種改變，不但打破供需界線，也整合線上和線下活動，使得規劃本身轉變為一種學習與反應的行為。

管理
一場數位之旅

　　這種改變，對於企業組織產生根本影響。首先，在結構上，組織由所謂中央集權（centralization）改變為「創業當責」（entrepreneurial accountability）。此即將如何因應未來之權力，下放到具有主導力量市場前端單位，亦即通常稱為具有較大創業精神之「小微企業」或「阿米巴組織」。

　　此時，總部所扮演的，主要是各種支持性之角色，尤其是包括雲端運算在內的公共資訊服務。但是，在這背後更為重要者，乃是為整個企業塑造一種願景及價值文化，為企業帶進一種不可或缺的凝聚力作用。

MANAGEMENT: A DIGITAL JOURNEY

管理
一場數位之旅

2-4
領導

1
新時代下的領導：願景、組織文化與創業精神

　　一般討論領導或領導者這方面問題所採途徑：多將領導視為一種抽象功能，探討其性質、基礎或應用，建立某些命題；或將其具體化為一領導者，自其個人特質、性格、行為表現等方面，發掘其間關係。但在本文中，基本上乃就領導者所發揮之影響力與特色加以探討。

領導效果和組織脫不了關係

　　實際上，領導者能否產生影響力及何種影響力，都不是和組織成員直接發生關係，尤其在較大型的組織中，其影響力必須透過組織結構及程序，因此討論領導作用必須放在組織的特色或架構中予以探討，才有真實的意義和價值。

> 管理
> 一場數位之旅

　　何況領導和組織之間也存在有互為因果的關係：一方面不同的組織性質和特色所需要的領導風格和做法有所不同；另一方面，真正的領導者，也有待努力改變一個組織之結構，塑造其文化，落實他的策略構念。

　　問題在於，和領導相關的組織因素或特質多且複雜。因此在本文內，只選擇其中關係十分密切，甚至可認為具有關鍵性影響的，予以探討，它們就是組織願景和組織文化。

組織發展和定位──願景

　　首先，一個組織之生存和發展，和其外界環境存在有密切關係。這就涉及一個組織的發展方向和定位的選擇，將構成其整個管理系統和方式之前提。然而，這種選擇，如何拍板定案，主要落在領導者身上。例如在傳統社會中，外界環境十分穩定，變化不大。這時所需要的領導，就是帶領和激勵下屬，按照既定的工作計畫和分工辦法、認真努力，以提高效率為目的；此時所採手段或領導力的來源，主要來自掌握升遷、獎懲的權力。

　　早期管理理論之所以將領導視為十分狹隘的功能，置於計畫和組織之下，主要即由於當時外界環境相當穩定不變的緣故。

「烏卡時代」的環境特質

但是在目前及可預見的將來，整個外界環境和條件發展劇變，有人稱之為「烏卡（VUCA）時代」，此即以環境變化的四種特質：「變動迅速」（variety）、「高度不確定」（uncertainty）、「複雜性」（complexity）與「模糊性」（ambiguity）之英文首一字母加以形容。這也就是本文中所採的「新時代」的特色。

在這種環境下，領導者之首要任務，不再像過去那樣，只是維持穩定與追求效率，而是帶領一機構如何適應環境之變化，而選擇本身之方向與定位。這種選擇之具體表現，即在於一個組織的「願景」。

所謂「願景」，即指一組織對於未來所要實現之景象（spectacle），又稱為企圖心（ambition）或夢想（dream）。舉例來說，如可口可樂之願景為「讓世界上每一個消費者伸手可及」；CNN 要成為「在任何事項、在任何地方、任何時間成為最好也最可信賴的新聞來源」之類。

願景型領導

以願景取代升遷獎懲做為領導力的來源，除了如上所述，具有

管理
一場數位之旅

實質上之策略涵義，有助於做為決策上之依據外，還有在管理上激發員工積極性——而非「保健性」（hygiene）——之動機，給予他們較大的創意和彈性空間，此種出於屬於高層次之心理動機，可對於員工產生較高之成就感作用。

尤其在共同願景之追求上，可以促進組織內人們之凝聚力與團隊精神，有助於排除個別性激勵所帶來的內部傾軋等不良效果。更為重要者，在目前趨勢下，公司所採願景，一般並非以增加利潤或市場占有率之類財務性指標為目的，而是需要將其提升到ESG層次。如此不但可以順應世界潮流，也可以將公司本身超越「唯利是圖」的傳統印象，給予企業正當性之生存理由。

數位化世界下的管理蛻變

其次，講到為何今後領導必須配合組織文化，也和目前世界走向數位化的趨勢有特別關係。具體地說，在數位化環境下，企業經營既然無法依賴諸如詳盡明確之計畫與預算、部門分工與控制，以及所謂之「標準作業程序」（SOP）之類傳統的管理控制機制。

這時人們所採途徑，乃是經由塑造所謂的「企業文化」，培育企業人與人間、單位與單位之間，以及人與單位之間的信任。這種信任，在相當大的程度內，可以取代傳統上的制式化機制。不但可

以大幅降低傳統管理機制的僵固特性，增加靈活彈性，更可以增加成員之成就感，激發人員之「內生性」（intrinsic）動機。這和前述「願景」所產生作用，有異曲同工之妙。

「自組織」和創業精神

在這種數位化環境下，企業經營不再採取由上而下之指揮控制模式，讓個別人員或較小團隊在各自本身任務下，成為具有自主經營特色的「自組織」。如日本稻盛和夫所採的「阿米巴經營模式」，或青島海爾公司的「小微企業」模式。事實證明，即使是巨型企業一樣可採用這種微小化的組織模式。問題在於，其成功條件，即在於企業內必須洋溢著一種「創業精神」。

這種創業精神，較之信任，其性質已超越傳統上企業經營的範疇，而來自一個社會的文化、價值觀念、生活型態與資源條件，屬於一個社會的「外生」（exogenous）變項。但在如今數位時代，如何將這種精神轉變為企業之「內在」（endogenous）變項，代表一種更進一步的文化塑造。因此，如何在企業內培育這種精神，遂成為今後領導者之一重大任務或挑戰。

> 管理
> 一場數位之旅

2 邁向數位時代的「生態領導」

　　多少年來，人們對於所謂「管理」的認知，主要受到法國企業家費堯（Henri Fayol）的影響，從功能性（functional）觀點，將管理區分為「規劃」（planning）、「組織」（organization）、「領導」（commanding）、「協調」（communicating）與「培訓」（cultivate）五種性質不同的活動。儘管日後人們對於類似這種功能的分類，未必和費堯所採的相同，但基本上這種對於「管理」的理解，已經成為普遍接受的知識，幾乎認為它們就等於「管理」。

　　不過，在本文中，將特別選擇其中一項有關「領導」的功能，探討它在數位時代下的意義和角色，之所以特別這樣做，是因為在數位化時代下，這種功能已發生極其基本的蛻變。

領導即是管理

首先,將領導視為一種「子功能」(sub-function),事實上是根本限縮了領導的作用。隨著外界環境的劇變,尤其數位時代的到來,任何組織能否生存和發展,端視其能否適應環境而蛻變,因而帶動經營上的策略革命,此即由謀求靜態的「效率」,提升為追求動態的「效果」。

在這情況下,領導自傳統管理各「子功能」中脫穎而出,和策略結合,成為帶動其他子功能的引擎。我們幾乎可以說,「領導就是管理」。

如今,世界進入數位時代,由於網路和數位科技的突飛猛進,使管理的核心作用,由「強連接」進入「隨連接」,使領導的意義和角色又發生另一層次的「蛻變」。

領導者的不同組織角色

在沒有談到數位時代下的領導這個主題之前,讓我們先從一般性觀點來看領導在一組織中所扮演的不同角色。其中包括:

- 屬於開創性質者,以某種新創的想法和做法,開創事業新局,屬於創業性質(entrepreneurship)的活動。

- 屬於規範性質者，此即是指揮、協調或評估組織內其他成員的行為，使他們所做的能夠符合組織所決定的方向或內容。所追求的，屬於「規範」（regulator）的角色。

- 屬於整合和協調性質，此即隨著一機構規模擴大、業務複雜，使得達成任務之途徑或手段多樣化，此時有待領導者居中扮演協調配合功能。所擔負的，乃是一種「協調或整合」（coordination or integration）角色。

- 此外，一位領導者也必須直接或間接代表組織與外界進行溝通或談判，以謀求本身最佳利益。

從永續觀點，一位領導者所應貢獻於組織者，還不限於他在職期間所扮演的角色。為了延續組織的生命活力，他還必須增加另一項培育未來的領導者或接班人的重要角色。

當然，以上所列各種角色，必須由人擔任，稱為領導者。這位領導者，在擔負上述不同角色中，何者為重或輕，不能一概而論，必須視情況而定，這也是一位領導者必須自己透澈瞭解，予以適當把握。

MANAGEMENT: A DIGITAL JOURNEY

傳統領導角色的內在矛盾

在此特別值得一提的是，在上述不同的領導角色中，其中兩種角色：「變革者」和「規範者」，在性質上是相互牴觸，甚至矛盾的。此即，假如一組織中規範性領導愈強，則變革性領導將被限制或抑制，難以發揮或施展；反之，如變革性角色愈多發揮，則原屬「規範性」角色，必然減少，甚至消失。

另一方面，在傳統的組織中，領導的影響力一般是依循組織結構由上而下。但進入行銷掛帥時代，市場形勢由眾多消費者主導，他們所需求的，每隨情況而有不同，這時公司無法採行一種「由上而下」的標準化解決辦法。為求配合情勢採取差異化或精準化之解決辦法，公司必須由接近市場或消費者所形成之「自主經營單位」擔負開創與整合之角色，如此使得領導角色下放到前線，形成「由下而上」的影響路線。

為了配合上述改變所需要的領導角色，在傳統僵化的組織結構下，是難以實現的。非常幸運的是，就是由於網路和數位技術的發展，使得所需改變成為可能，例如經由虛擬組織、平台化、雲端化及 AI 等等創新做法，人們自空間及時間上的連結獲得解放，規模和交易成本也不再是經營上之基本限制因素。

> **管理**
> 一場數位之旅

這樣一來,幾乎整個顛覆了傳統的管理觀念和運作模式。很自然地,也使得領導的角色和運作方式,脫胎換骨,成為塑造生態環境的主導者。

譬如說,在這轉變過程中,前文中所提出有關領導角色的內在矛盾,將特別顯著。此即他的變革角色必然超越規範角色;而變革之主導,也將自「由上而下」轉變為「由下而上」。

生態環境之締造,邁向未來

進入網路世界,領導者主要將主導發展一種開放性的生態環境,包括設置通訊標準、平台架構、雲端服務等等。讓個別創業者,只要攜帶其創業構想和經營模式進入此種環境,即可輕易創業和運作,使「輕資產經營」成為可能,且能使不同經營者之間有無互補。

在這種生態環境中,所提供的網路及大數據資源,個別經營者得以藉此擴大其服務對象或提供更精準之服務,衍生新商機。

除了提供這種技術層次之價值作用外,主導者尚可在這生態環境中透過人文或社會服務,培育獨立業者彼此間之互信文化,深化合作機會。

更進一步,此種生態環境之主導者,尚可衡量情勢,發展共同

MANAGEMENT: A DIGITAL JOURNEY

願景與使命,凝聚共識。使各種跨越行業之業者,在發展方向上,和外界社會及生活環境達成進一步之結合,邁向未來。

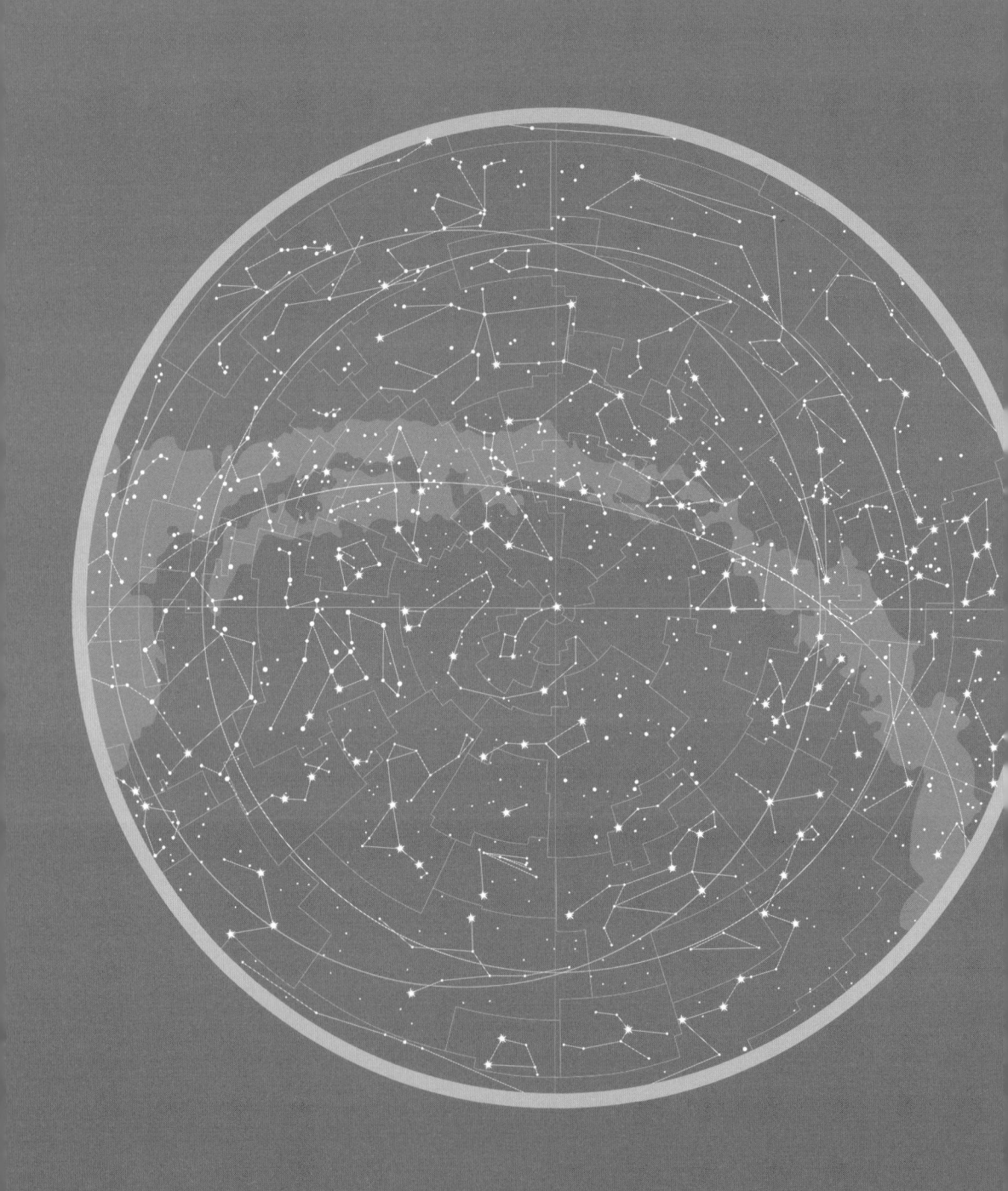

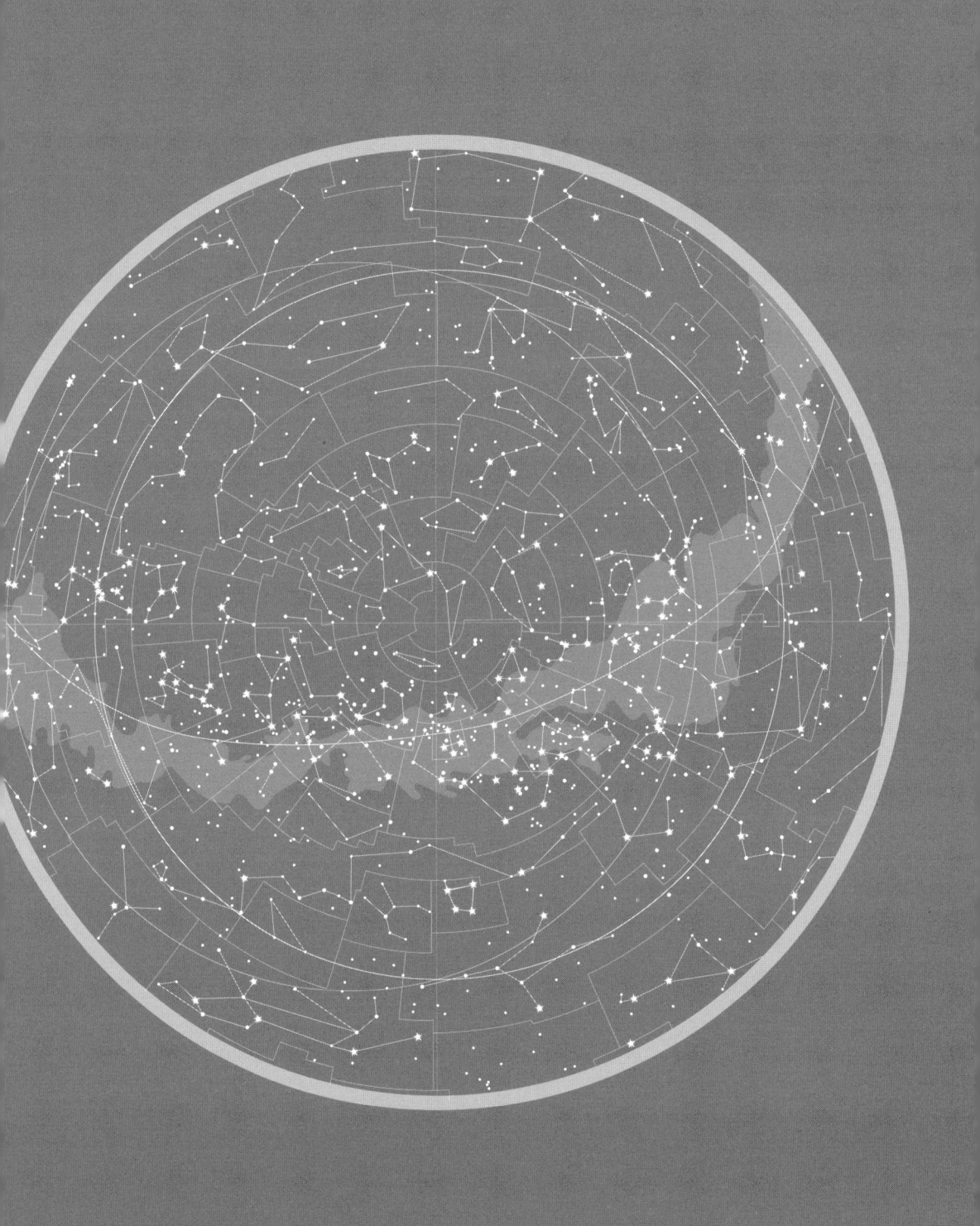

管理
一場數位之旅

第三章

MANAGEMENT: A DIGITAL JOURNEY

1

企業經營還一定是「由內而外」和「自上而下」嗎？
——網路時代的典範轉移

如果說企業經營可包括策略和管理兩大構成部分，那麼傳統上——也是大家心目中——企業經營的一般做法，在策略上可說是「由內而外」，而在管理上則是「自上而下」。

理所當然的企業經營模式：
「由內而外」和「自上而下」

具體言之，一家企業初創時，一般是從某種產品或服務著手，向外建立通路，從直接銷售到經由批發或代理，以至於零售，甚至推及世界各地。在這一經營策略下的發展步驟，顯然是屬於「由內

管理
一場數位之旅

而外」的做法。

在內部管理方面，開始時，一般是由創業者或少數夥伴們親力親為，直接包辦各種業務。但隨著公司規模繼續擴張或擴大，則必須增加人員，設置部門，以至於形成我們所熟悉的金字塔組織結構。此時，在這組織內，最高主管——董事長或CEO——在幕僚協助下，決定公司發展策略，擬訂方案，透過指揮系統，落實執行。這就是本文所稱的「自上而下」的過程。

以上所描述的策略及管理模式，不但是我們所熟悉的，而且被認為是天經地義或理所當然的做法。在直覺上，也感到它們的存在，實在沒有什麼值得懷疑或商酌之處。最多，就是在這基礎上，譬如為了更能符合顧客的需要，在業務發展方面，將單純的「銷售」（selling）擴大為「行銷」（marketing）；或是為了配合公司產品多角化或地區化擴張，分設不同事業部門分別負責。或是為了打破不同職能間的本位主義，進行所謂「組織再造」，以流程取代部門分工的運作型態。

基本上，這些改進，仍然不脫傳統上那種「由內而外」和「自上而下」的經營模式。

難以穿越的高牆和界限

問題在於，人們在這種努力方向上，不免有一種感覺，那就是在公司本身和最終消費者之間，似乎總是存在著一種無形的高牆，無法建立一種直接無縫的連接關係。儘管在二戰以後，企業根據行銷觀念，企圖根據某些客觀資料，找尋可能影響消費者不同需求的因素。譬如說，自早期所使用的「社會經濟」（socioeconomic）特徵，到後來的「生活型態」（psychographic）類型，利用統計技術，進行區隔化（segmentation）分析，藉以推斷它們和消費者購買行為與偏好間之關係。但是這種做法，在本質上仍然是屬於「由內而外」的思維，而且近乎「盲人摸象」，不能建立和個別或特定的消費者間的精準連結。

再說，依賴「自上而下」的領導，往往有一種「隔靴搔癢」之感，難以帶動員工的幹勁。

理想的連結狀況──網路世界的奇妙

理想的狀況是，公司要能和最後消費者間建立一種更直接的互動關係。借用目前已發展的觀念來說，這種互動關係應該做到「即時」（real time）、「精準」（precision）和「移動」（mobility）的地步，也就將企業經營配合個別客戶做到所謂的完美「隨意化」

管理
一場數位之旅

（ubiquitous）境界，以至於不必擔心有所謂存貨積壓的困境。

不可思議地，這種近乎神話的境界，進入網路時代後，幾乎都可以逐漸實現了。有趣的是，與此同時發生的，就是傳統上那種「由內而外」及「自上而下」做法，也跟著發生「典範轉移」。

譬如說，經由網路和數位科技的運用，公司可以透過諸如偵測和辨識技術，加上物聯網的利用，就可以相當靈活、完整而且連續地，掌握個別消費者——甚至其他相關者——消費與生活動態，彼此互動、融合，構成一種無邊界的「生態」（ecological）環境。此時，企業所作所為，並非來自公司內部所發動，而是來自外界環境和需求的驅力，這就是「由外而內」的狀況。

同樣地，在消費者需求的驅力下，企業在組織上，也不再依循傳統上那種僵化的層級部門結構「自上而下」的決策和執行，而是由第一線人員發掘市場機會，自主創業，充分發揮創業者的積極主動精神，讓個人的潛在力量得以發揮得淋漓盡致。在這種又被稱為「去中心化」的組織運作方式下，帶領企業成長的，乃是來自一種「自下而上」的原動力。這時總公司所要做的，就是創造一種支持性的環境和條件，而非如傳統上那樣包攬一切，二者情況迥然不同。

當然，這一切改變，都和背後外在環境的改變有密切關係。它所反映的，乃是市場環境由一種供不應求的狀況，變為供過於求，

MANAGEMENT: A DIGITAL JOURNEY

驅使企業經營必須由供給走向需求——或消費者——導向。在這狀況下，網路科技恰逢其時的快速發展，解決了前此所稱的巨大缺口問題。

所有權將失去其在供需交易中之核心地位

最後，必須在此一提的是，由於網路世界和數位技術的發展，也帶動人類社會在制度上的一項根本轉變，那就是由於諸如「訂閱」或「分享」交易方式的興起，以及平台模式和虛擬組織的發展，在滿足需求的交易行為上，交易標的可以回歸到真正具有解決問題的「效用」身上，而和做為載體的實體分離；這有如俗語所稱：「喝牛奶不必養牛」，或航空公司可以租用引擎，按飛行里程或服務付費，而不必購買一樣。

一旦人們所購買的，不必連帶包括實體所有權在內，則將使得供需之間的連接及其定價，獲得更大的彈性和單純化。這種影響，那就不僅僅如本文所稱，只是局限於企業經營方面的改變而已了。

> 管理
> 一場數位之旅

2

當實體和效用在數位世界中發生分離時

　　進入數位時代，人類經濟活動有如進入一個和過去千百年來所熟悉的迥然不同的世界。這時，在日常生活中出現了種種嶄新的經濟型態，例如「零碎經濟」（gig economy）、「訂閱經濟」（subscription economy）、「共享經濟」（sharing economy）或「循環經濟」（circular economy）之類。事實上，這些經濟型態都建立在一個共同基礎上，那就是在廣義的交易關係中，真正產生價值的效用和它們相關的有形產品或載體分離。也由於擺脫了這些載體的羈絆和負擔，使得真正的效用可以更自主和更大彈性地配合各種創新的需求。

　　本文即企圖說明發生在數位時代的這種典範轉移。

由資產買斷到效用提供

自古以來，人類交易標的，尤其對於所謂耐久財，幾乎都以有形商品為單位，進行財產所有權的轉移；買賣雙方銀貨兩訖，也就是一般所稱「買斷」，這從家具，到汽車，莫非如此。即使其中也有採租用方式，但其計價基礎主要是依據商品實體的價值，而非效用，而且這時所涉及的財產所有權的轉移，並不完整，一般只是暫時性質。

然而，交易之所以發生，買方真正需要的，在事實上，只是這些商品的效用，並非固定資產本身，也和所有權沒有必然的關係。交易的真正標的，應該是「效用」，商品只是載具而已。問題在於，一般情況下，商品的某種效用和其載具難以分割。這不像喝牛奶，可以和買整隻乳牛分離的那種情況。

在當時技術及法律環境下，人們為了獲得某種效用，還不得不一併買下了整個實體商品。結果是，所購下的商品往往無法充分利用，使得買主所付購價中，包括付給了閒置時間部分。何況，如果效用是可以分離的話，則在這一閒置時間，這物件還可以讓其他需要的人利用；自社會觀點，這種閒置代表了一種虛耗或浪費。

再說，人們一旦買下了這一商品，未必保證即可獲得預期的效

管理
一場數位之旅

用。商品實體可能發生失常，有待維護或修復，這樣不但要再支出一筆費用，而且可能耽誤時機。由此可見，買了載具和其所有權，並不能保證一定可以獲得預期的「效用」。

理想狀況已不再是夢想

換言之，真正理想的狀況是，買方所支付的，完全是為了所要獲得的效用，而且可以保證不出差錯。關鍵在於，如何將這種效用和實體產品加以分離，使得交易標的，乃是能夠精準地配合某種需求的效用及其有效運作。在絕大多數情況下，要落實這種理想狀況，涉及使用狀況的監測、維護以及定價與支付種種複雜問題，是十分困難的。

非常幸運地，進入數位時代，由於網路和數位科技的應用，上述種種屬於連接上的問題，雖然不能說是完全地迎刃而解，但是愈來愈不成問題。最明顯且為社會所熟知的例子，就是 Uber 出租汽車和 Airbnb 出租旅店的兩個經營模式。這兩家公司，既不擁有汽車或旅店這種固定資產所有權，也不直接雇用司機及旅店服務人員。但是，它們卻能讓需求者獲得他們所期望的有關交通運送與住宿的服務。

開放式平台模式的應用——流量取代規模

　　基本上，這種服務所應用的，乃是一種開放式平台模式。這時，不但容許更多人參與這種服務的提供，而用戶也獲有更多和更具彈性的選擇。這種將效用與資產及其所有權分離的經營模式，代表「平台」的一種特色，在網路世界愈趨普遍，其中包括近年來日益流行的雲端服務。

　　這種經營模式，可以脫離固定資產和所有權，且由於所具有的開放性，也擺脫規模上之限制。在這模式下，經營者不必為擴大規模而增加固定成本的投資。換言之，在這種開放性經營模式下，規模變為沒有意義。此時所要努力的，乃是增加流量。人們常常稱此種為增多流量的支出為「燒錢」；事實上，這種為了擴大流量而增加的支出，乃是取代了傳統上對於固定資產及人員的投資，不是沒有意義的。

超越實體的創新機會

　　一旦效用和實體所有權分離，使得原屬不同實體資產的效用，如今得依需要予以組合，例如醫療服務可以和運動，零售商店可以和教育之類原屬不同產業所提供的效用，如今可以依據用戶需要，予以組合。這樣一來，大大擴大了商機和創業機會，進入所謂「生

> 管理
> 一場數位之旅

態經營模式」。

這種情況，較之在傳統以實體為交易標的時，經營者只能限於中介角色，收取居間佣金，真是不可同日而語。

實體趨向公共資產化

更進一步說，隨著價值之產生乃來自效用，使得載具變得不具重要性，往往是可以免費提供的。這也反映在諸如 Google、Amazon 或 Facebook（Metaverse）這類以數位平台為經營模式的例子上。問題是，儘管實體物件已失去其價值，但在多數情況下，卻是不可或缺的，因此站在整體立場，為了支持數位化產業之需要，後者已有轉變為公共設施或公共財之趨勢。

這種基本性質上的典範轉移，有如由古典物理學觀念中有關物質的「區域性」（locality），進入量子物理的微觀世界，粒子的物質將可產生有如「鬼魅般的超距行為」。類似這種改變，似乎也可用來譬喻在數位時代下，效用和實體及其所有權發生分離時所產生的神奇變化。

MANAGEMENT: A DIGITAL JOURNEY

3
數位時代下,如何化解管理上分工與合作的矛盾?

多年來,人們習慣於喊出「分工合作」這一口號,甚至認為這句話代表「管理」的精髓。但問題是,即使這一觀念是可以接受的,但在實際行為上,多數時候人們往往只努力做到「分工」,而對於所謂「合作」,往往只是虛晃一招,陪襯作用而已。這一情況,有如人們高唱「開源節流」;而事實上,只是努力於「節流」,並沒有用心於「開源」。但是事實上真正問題,還不限於這種在表面和實際行為上的偏頗,而在於:分工和合作乃是代表兩種不同的——甚至相反的——思維模式與技術工具,這才是本文所要探討的主題。

管理
一場數位之旅

分工是真，合作是虛

相對而言，分工屬於一種機械性或技術性作為，一般只要選擇某一標準做為依據，即可對於一件事進行分解。這時的關鍵在於，所採標準是否得當；如果用統計名詞表達，一般以「組內變異愈小，組間變異愈大」，所獲結果，乾淨俐落，涇渭分明；否則拖泥帶水、糾纏不清。自管理觀點，一般認為，分得愈清楚，則可做到工作分配責任分明。例如在企業經營活動上，人們即依生產、行銷、財務、採購或研發之不同功能進行分工，各有專精；甚至將分工觀念用於會計與出納，認為可藉此收到互相制衡，防止弊端的作用。

在上述觀點下，人們一般傾向於重視分工。尤其第一線工作者，每每感到，分工結果可使他們工作變為單純，既能接近工作者本身之專長，也可以和他所得酬勞建立對稱關係。分得愈細，愈能突顯個人的績效。

由於人們傾向於重視分工，在一家公司內，往往只見到各部門都在忙於做自己的事，以至於所做努力，落於追求「部分最佳化」（sub-optimization）或產生所謂「穀倉效應」（Silo Effect）；用通俗的話來形容，那就是「本位主義」，成為管理上的大忌。

然而，事實上，更重要的，乃是在分工背後，存在有一個完整

的工作或任務，和企業的生存與發展目的，關係更為密切；合作才是本，分工是末。

真正績效，在於合作

在管理上，乃在組織內設置各層主管，以行整合分工所造成的分歧。然而，這種努力，往往對於分工者形成衝突。層級愈高的主管，和下層工作者矛盾也愈大。整體而言，如果一機構層級愈多，則矛盾愈嚴重。循此發展，隨著組織成長，規模愈大，所帶來的矛盾程度也愈高。

解決之道

為了解決這種矛盾，有兩個解決方向。一是儘量擴大個別工作的範圍，叫做「工作擴大化」（job enlargement），而不是細密分工，使結構層級減少，也就是為「組織扁平化」。

另一個方向，則是重新定義任務，將其細分化。譬如依任務的對象，如依顧客類型或市場區隔的不同，例如採取事業部制或地區組織，各賦予較大自主權，希望做到在公司內部設置一個個自主經營單位。使得每一主管都有如一位 CEO，各負有策略上的任務責

管理
一場數位之旅

任。如此使任務單純化,也可以達到減少層級的效果。他們不再是一個分工單位,而是創業者。這可說是,近數十年來管理在組織上努力的方向。

無論何者,其目的就是減少組織內的層級。

不幸的是,這種任務細分的做法,一則,就整體而言組織內存在著眾多自主單位,造成混亂;再則,是在各項任務單位之間,由於各自爭取資源,又會造成分歧和紛亂。

這時所顯現的,有兩個問題有待解決:一為個別任務與一機構的長期發展和使命的契合;一個是個別任務和所用資源之間如何靈活而有效的調配。二者都涉及組織的整合與彈性問題。

關鍵在於目標及資源整合上的彈性

為了解決這種問題,在 1970 年代,科學家們企圖利用「結構耗散理論」(dissipative structure theory),結合統計學和動力學方法,發展出一種新興學科稱為「協同論」(synergetic)。此一理論應用甚廣,其中即包括在管理學上,用以解決類似上述分工與整合的複雜系統問題。問題是,這種依賴數學理論的解答,如何將其轉變為具體可行的實務,仍然存在有極大的鴻溝。

「平台」組織提供一個解答

非常幸運地，自從人類進入網路時代後，加上許許多多日新月異的數位技術可供利用。此時，網路架構上的平台，即可發揮神奇的彈性連接能力。在一般狀況下，各方乃處於弱連接或隨連接狀態；但一旦注入某種任務時，即可使任務和所需資源條件，瞬時發生密切合作，成為強連接的狀態。這種彈性，也是虛擬組織的特質。在相當大程度內，幾乎化解了前文中所稱的分工與合作的矛盾。

這種變化或許可以智慧型手機為喻，在早期所設計的手機企圖滿足所想到的各種具體功能；為了滿足不同使用者之需求，儘量增加其項目。結果功能愈加愈多，繁複到無法負荷的程度。但如蘋果智慧型手機所設計者，並非一項項具體功能，而是平台，如 App Store、YouTube、Google Map、QR Code 等等。由使用者利用這些平台，自行選擇所需要之功能。結果是，這種手機一旦到了特定使用者的手中，就成為符合他特定需要的「客製化」手機。這也就是利用數位時代下的平台彈性，消除了本文中所採分工和整合的矛盾的具體做法。

至於在個別目標之間的整合，則屬於較高層次的整合，恐怕平台無能為力，此時，還得靠領導者的願景或使命的信念，以及企業信任文化的塑造了。

> 管理
> 一場數位之旅

4
欲求變革,組織先行

觀念和行為間存在的鴻溝

　　時至二十一世紀二十年代的今天,再來強調創新對於企業生存與發展的重要,在觀念上實已多餘。然而,問題是,人們在行為上似乎仍然停留在追求效率或成本的傳統典範層次,和創新的做法形成不自覺的嚴重落差。這種情況,代表策略上的創新觀念和日常行為之間,存在有嚴重的慣性鴻溝。

　　面對這種情勢,企業似乎應該回過頭來,好好檢討,為何行為會落後於創新的緣由。如果不從這方面著手,恐怕將使得創新一直成為只是一種好高騖遠的口號。

什麼是傳統的組織

讓我們回想一下，傳統性組織是怎麼行事的。首先，人們先將構想中的工作，明確界定其程序和內容，並將工作細分，訂定工作說明書（job descriptions）；其次，將這些工作轉變為職位，依某種標準予以分類，設置部門（departmentalization）。最後，在這些工作和部門間規定其一定之權責歸屬（chain of command）。同時，在設置部門及職位時，必須考慮所謂「控制幅度」的限制。

如此，算是設置了一個組織的基本架構。

除了這些結構性做法外，還得在組織運作方面，訂定計畫，設立預算，並以所謂標準作業程序（SOP）或關鍵成功指標（key success indicatiors, KSI）做為衡量績效的標準。

諸如這些作為，一向被稱為是「制度建立」（institutionalization）。不但早期管理者均奉為圭臬；甚至今天，仍有許多人對此深信不疑，以為這種做法就等於是管理。

我們不能完全否認，上述想法及做法有其適用之事項或狀況。但將這種機械模式應用到創新或策略上，幾乎可以說是背道而馳。一方面，凡可以採行這種機械方式的工作，幾乎都可以予以自動化，不必由人去做，而且往往做得比人還好。另一方面，在一些較大規

> 管理
> ──一場數位之旅

模或複雜事務的組織裏，採取這種「組織模式」，不僅使其運作發生僵化；尤其在變動的環境下，將發生處處脫節，捉襟見肘。使得身處其中有如一顆螺絲般的工作者，不知所措，也失去判斷能力。

「例行化」的無限放大

長久以來，人們對於管理的認知一直建立在將分工合作「例行化」（routinization）的規範上。這不是沒有理由的，從好處來說，在這種模式下，有了SOP，人們可以不必每件事都必須重複摸索，大大節省時間和精力。但在這個優點之上，將會產生僵化問題：就是隨著外界環境的市場、客戶及競爭的變動，SOP如何隨之改變？恐怕一片茫然。

在這種情況下，使得組織產生一種自我矛盾的挑戰。一方面是謀求保持穩定，另一方面又面臨必須調整或改進的需要。不幸的是，人類一般傾向於保持穩定，抗拒改變，這是造成創新的基本阻力。

針對這一情況，學者蓋瑞‧哈默爾（Gary Hamel）曾經取喻，創新有如教狗用後腿走路一樣的困難。

MANAGEMENT: A DIGITAL JOURNEY

個人是無能為力的

再者，除了上述困難外，人們討論創新，往往只考慮組織中的個人。以為只要憑藉個人意願，即可產生創新。事實上，在一個僵化的層級結構組織中，原有做法根深柢固，任何變動都會牽一髮而動全身。個人的努力，往往是無能為力的。

在這情況下，如果不從組織下手，即使針對成員個人，採取諸如甄選、培訓或激勵手段，恐怕其結果仍然是徒勞無功的。

策略和組織，何者創新為先？

如上所述，如果創新乃來自策略的需要，而其落實又有待組織之支持。在策略和組織兩方面，究應以何者為先？在學者間，就出現兩種不同的主張。

一方面，有哈佛大學研究企業史著名的學者錢德勒（Alfred Chandler），他所揭櫫的「結構追隨策略」（structure follows strategy），主張創新應由策略引導組織。由於這種主張，已為一般研習管理者所耳熟能詳，在此不待贅述。

欲求變革，組織先行

但是，另一方面，又有另外一種「欲求變革，組織先行」的主張。譬如，學者馬斯洛（Abraham Maslow）——也就是提出「需求層級理論」的那位心理學家——就曾舉出一個十分生動的例子。他所舉的例子，就是美國林務局（The U.S. Forest Service）曾為鼓勵員工創新，特別採行了一個建議制度，鼓勵員工提出創新方案。不過，組織規定，任何人要投出建議，必須填寫長達四頁的表格。結果經過四年，只收到 252 件提案，平均每年只有大約 60 件提案；換言之，以全局 2,500 人計算，一位員工要四十年才會提出一個建議。

有鑒於此，局方遂宣布改變做法，員工提出建議案，只需要寫一個簡單摘要，透過電子郵件傳給負責主管。如果三十天內未收到任何答覆，不需要高層核可，就可直接付諸實行，結果一年內就收到 6,000 件提案。這個例子，淺顯地說明了，由於組織規定之不當，如何壓抑了創新。

創新性組織和機械性組織相比，並不只是在技術上增加什麼或調整什麼，就可以改變什麼。二者之不同，乃是代表整個經營典範的轉移。基本上，創新組織所要培育的工作者：首先，在鼓勵他們能夠主動配合環境，發掘自己該做的工作；其次，為了達成任務，

可以不受條條框框的限制。再者，這時為了達成任務所形成的團隊，也不再是固定不變的層級結構，其形成和消失乃是隨著任務而定。換言之，創新組織是有機的，而不是機械的。

使命、定位和文化

總而言之，創新組織的運作，並不是靠由自上而下詳定辦法推動，也不是屬於某個人的能力或某一個部門的責任。基本上，它乃是來自一個組織的使命和定位。創新乃是一種文化，靠由這種文化以驅動整個組織的策略想法和做法。

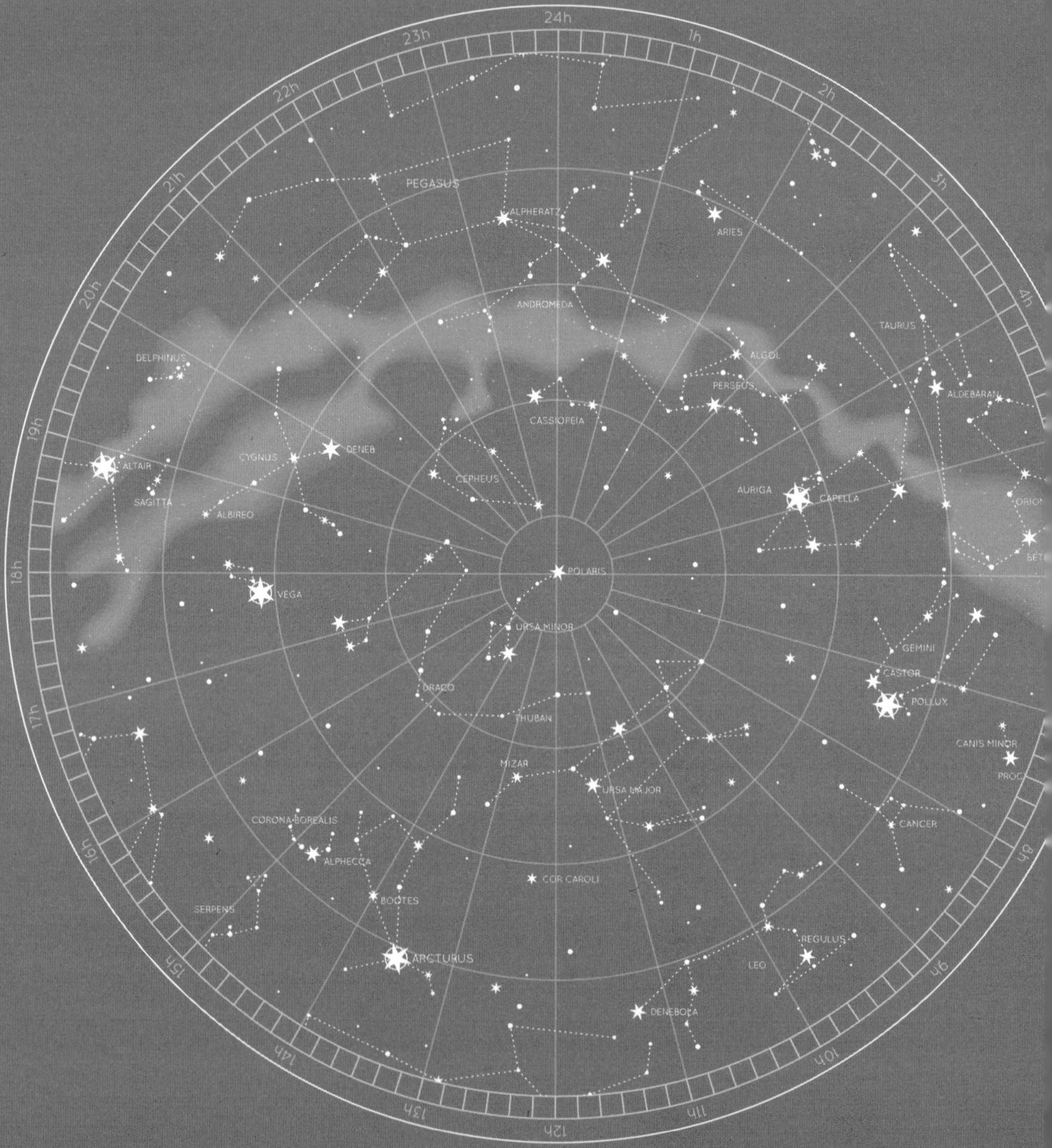
24h
1h
2h
3h
4h
8h
9h
10h
11h
12h
13h
14h
15h
16h
17h
18h
19h
20h
21h
22h
23h
PEGASUS
ALPHERATZ
ARIES
ANDROMEDA
TAURUS
DELPHINUS
ALGOL
PERSEUS
ALDEBARAN
CASSIOPEIA
ALTAIR
CYGNUS
DENEB
SAGITTA
ALBIREO
CEPHEUS
AURIGA
CAPELLA
POLARIS
VEGA
URSA MINOR
GEMINI
CASTOR
POLLUX
DRACO
THUBAN
CANIS MINOR
MIZAR
URSA MAJOR
CORONA BOREALIS
CANCER
ALPHECCA
COR CAROLI
BOOTES
SERPENS
REGULUS
LEO
ARCTURUS
DENEBOLA

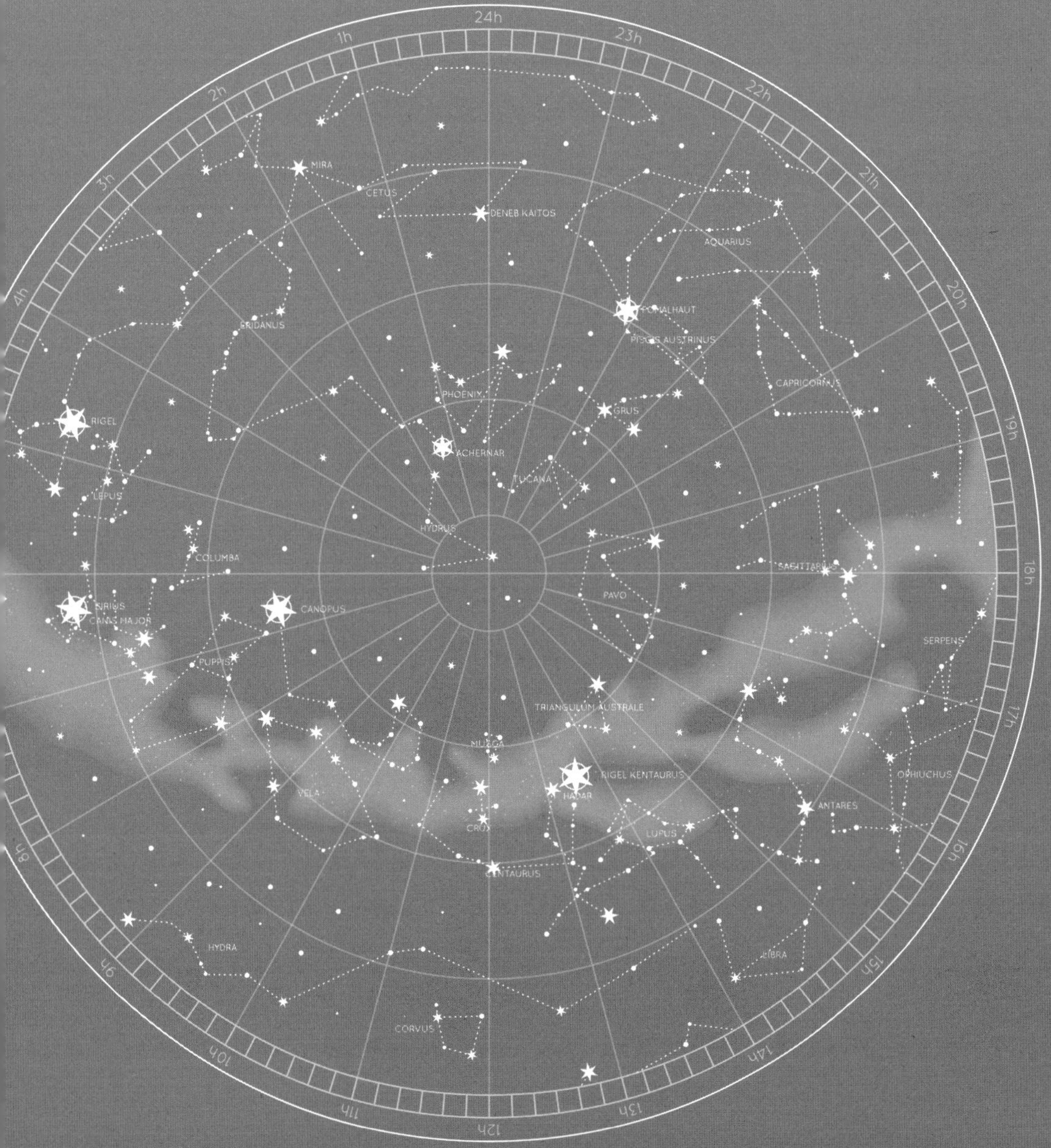

24h
1h
23h
2h
22h
3h
21h
4h
20h
19h
18h
17h
16h
15h
14h
13h
12h
11h
10h
9h
8h
MIRA
CETUS
DENEB KAITOS
AQUARIUS
FOMALHAUT
PISCIS AUSTRINUS
ERIDANUS
CAPRICORNUS
PHOENIX
GRUS
RIGEL
ACHERNAR
TUCANA
LEPUS
HYDRUS
COLUMBA
SAGITTARIUS
SIRIUS
CANIS MAJOR
CANOPUS
PAVO
SERPENS
PUPPIS
TRIANGULUM AUSTRALE
MUSCA
RIGEL KENTAURUS
HADAR
OPHIUCHUS
VELA
ANTARES
CRUX
LUPUS
CENTAURUS
HYDRA
LIBRA
CORVUS

管理
一場數位之旅

第四章

1
顛覆傳統組織及其運作之雲端運算服務

跨越組織及產業界限之經營模式

探討企業經營之道，有一個明顯趨勢，那就是愈來愈少以產品為中心，取而代之的，則為所謂「經營模式」（business model）。然而，就「經營模式」而言，又有一個趨勢，那就是超越或突破一家企業的界限，而走向跨越組織，改以產業結構為舞台，從而界定一家企業所扮演的角色。

一個最為人們熟知的例子，就是台積電。在半導體產業中，這家公司以晶圓代工模式，為眾多的 IC 設計客戶提供製造服務；也由於在這一角色上所達到的製程領先，成就台積電在世界半導體產業中的龍頭地位。

管理
一場數位之旅

我國另一家世界級公司——鴻海——也是以其龐大而彈性的製造能力，從手機到電動車，不是替一個產業，而是有能力為各種不同產業提供製造代工服務，又成為另一個在世界上跨產業的巨無霸。

整個來說，這類突破本身組織和市場限制，創造自己藍海的經營模式，進入數位世界之後，由於網路和虛擬化組織之發展，更能突破實體世界之限制，獲得更開放而遼闊之揮灑空間。

架構於數位世界上之「雲端運算服務」

以本文中所探討的「雲端運算服務」來說，就是其中一個具體事例。例如 Amazon、Google 或阿里雲這些公司，基本上，即透過以類似的經營模式，在數位網路中建立它們難以撼動的地位和優勢。

所謂「雲端運算服務」

所謂「雲端運算服務」，一般又稱「雲端運算」，在數位世界中，一般常和「人工智慧」（AI）、「大數據」（big data）、「訂閱」（subscription）及「邊緣計算」（edge computing）等，相提並論。

它們之間互相關聯，相互配合，都是屬於「互聯網」世界下的產物。但是在本文中，乃企圖自「雲端運算服務」這一點切入，討論其在企業經營與管理上之性質與角色。

自管理觀點，講到雲端服務，必須溯及管理中的「溝通」（communication）功能，尤其是其中之「資訊處理」（information processing）。以當前數位世界語言來說，所謂「溝通」，即是「連接」。以連接做為企業經營之一個關鍵要素，其中涉及連接的對象和人數、連接的形式和內容、連接的媒介和技術，以及連接的時空距離等等，方方面面，其間有其極其多樣而複雜的組合。不過，由於過去可用之相關科技有限，而且受到傳統之組織結構僵化的限制，使連結功能在現實中並無多大發揮空間。

唯自二十一世紀以來，由於資訊和網路科技的驚人發展，連接情況千變萬化都有可能，因而使得資訊處理與應用，儼然成為決定企業經營策略或管理上之一成敗關鍵要素。

原來，一般公司只專注內部有關會計性質之資訊，為之專設部門，並訂定相關制度與規則以為處理。至於其他方面資訊，則由各相關部門個別蒐集和處理，並歸由檔案單位集中保管並備調用，這大概是有關資訊管理在相關科技尚未發展前之狀況。

管理
一場數位之旅

不可抗拒之趨勢

其後,由於電腦之發展及使用,企業為了有效利用資訊,從引入 Excel 試算表開始,設置內部資訊處理部門。使得所謂資訊部門或資料中心,愈來愈成為組織中之重要部門。問題在於,其間涉及購置設備、聘用專門人員等等,使得這方面之投資及費用也不斷增加,往往非一般中小企業所能負擔。即使勉力為之,又發生未能充分利用或仍有欠缺之情況,這有如個別工廠單獨設置電廠發電一樣,既不經濟又無效率。

因此,在 2010 年前後,就有像 Amazon 或 Google 這種電子資訊服務公司,投資建置較廣泛而普遍用途之儲存與處理設施,提供一般企業客戶使用,並由後者依使用程度付費。這時,對於個別用戶而言,所需要的,就是和雲端服務公司建立連線,有如本身虛擬化之資訊處理中心一樣便利。

這種資訊服務產業的發展,事實上帶給眾多企業在策略和經營上重大意義和影響。

首先,眾多企業,尤其在於中小規模者,有了這樣雲端服務,不但可以免除鉅額相關軟硬體投資,也可以省去日後維護、更新與管理上之複雜性及人員負擔,使得創業變為簡易可行。

其次，有了雲端服務使得客戶在策略運用和管理效能上，透過一個由數據和 AI 驅動之平台，獲有更大的活動空間，尤其有利於其全球化之業務拓展。

第三，在雲端運算支持下，使資訊處理工作，有別於過去的 IT 營運模式，可自公司內部各部門抽離，混搭成一種資料湖，帶動公司組織活化，譬如轉型為一種被稱為「蜂窩型態」的扁平化組織，用以取代傳統的層級部門結構，有助於組織內自主創業精神之落實。

邁向「生態經濟」大未來

自數位世界經營模式觀點，如果說，雲端運算服務的產品在於流程，而資訊即為其原料，此種雲端運算服務，具有公共與分享之性質。所提供的服務，在內容上，也可有不同層次：一般包括有「基礎設施即服務」（Infrastructure as a Service, IaaS）、「平台即服務」（Platform as a Service, PaaS）或「軟體即服務」（Software as a Service, SaaS）各種類型。有了這些服務，對於客戶而言，則可取代原所設置之 POS、ERP 或 CRM 各種系統，也就是所謂「去 IOE」的改變；公司不必自行設置 IBM 電腦、Oracle 資料庫以及 EMC 儲存設施。此時在 AI 的驅動下，獲有更靈活而完整之資訊效用。

管理
一場數位之旅

　　事實上，上述這些服務，主要還限於數據或資訊之利用，如果更進一步，其功能尚可擴及對於不同任務需要時相關人才的組合。

　　總而言之，將企業經營活動架構在雲端上，一方面，打破企業現有組織分工和界限，使物聯網發揮更巨大的作用和威力；另一方面，也可以使每一個人都有可能成為獨立的創業者，使企業快步邁向生態經濟的大未來。

2

網路「平台」觀念在企業經營模式上之應用

　　大約在 1980 年以前，企業經營乃以產品為中心，講求成本及品質。但隨著經營環境變化加劇，競爭日益激烈後，企業乃提升其經營思維，由管理而至策略層次。此時乃以經營模式取代產品為經營中心；講求產業結構、市場定位及競爭優勢之分析與選擇，獲得最佳成果。此時，出現諸如麥可·波特（Michael Porter）、普哈拉（C. K. Prahalad）及哈默爾（Gary Hamel）等炙手可熱之學者，取代早期之泰勒（Frederick Taylor）或戴明（Edwards Deming），成為企業所崇敬之經營大師。

由產品而經營模式

　　所謂經營模式，從某種觀點而言，其核心精神在於講求公司與

> 管理
> 一場數位之旅

外界環境及顧客間,做到差異化、精準化、動態化和及時化之連結。問題在於,儘管此等經營大師,殫精竭慮,以其獨到眼光和智慧,提出各種構想,但格於技術環境及條件,始終未能將其構想精髓落實和貫徹。

這要等到二十一世紀,網路普遍及相關數位科技蓬勃發展,乃將經營模式帶到一個「隨連接」的境界,包括其中一項極為重要的「平台」觀念。在本文中,即嘗試說明此一平台觀念在於企業經營模式上之應用。

我們幾乎可以說,「平台」這一名稱,目前已成為數位時代的流行語。在許多場合,處處都可以聽到人們應用這一名稱,琅琅上口。

到底什麼是「平台」?

用最直白的話來說,數位時代的「平台」,代表一種網路上的「群集」,更是一種軟體「機制」;透過這種群集機制,數位化後的人、事、物,產生協同合作,創造價值。

其實,在網路時代以前,早就有這種平台存在。譬如以原始形式出現的「日中為市」,以及日後發展的實體「商店」,包括:「雜

貨店」、「百貨公司」、「超級市場」，以及「商場」等等。基本上，它們都具有上述群集機制的功能。

問題在於，這種以實體形式的「群集」，除了受到種種規模及時空的限制外，尤其伴隨遞增的交易成本，效用是有限的。表現在企業經營活動上，例如大量生產與客製化之難以兼顧、工程進度及預算之失控、款項之未能及時支付，以及種種安全與風險等等問題，處處可見，構成所謂買方或賣方的痛點。

隨著數位時代的「平台」的到來，即透過網路及相關軟體之應用，帶來了所謂的「隨連接」，以及「零摩擦」（zero friction）的神奇效果，不但克服前文中所稱的各種限制，也顛覆了許多原有的物理和經濟規律在企業經營模式上之應用。

平台經營模式

人們將這種平台機制應用在企業經營上，便產生種種經營模式，稱為平台經營模式。

這種經營模式在垂直方面，整合了傳統上供給和需求之間的供應鏈；在水平方面，可以容許更多的行為或要素同時發生互動。兩方面的結合，使傳統的線型經營連結型態，改變為靈活而彈性的網

路關係。

有了這些平台，使用者只要按幾個鍵，或輕易地轉動滑鼠，或透過語音，就可以隨時隨地、隨心所欲、毫不費力地，啟動連結，獲得所要產生的行為效果。譬如說，參與者可以產生互動、設計及製作，或建立群組。在這過程中所累積大量資訊，透過 AI 發揮辨識，預測各種功能。諸如此類，形形色色的平台，功能無限。

在實際運作上，不同目的，可以有不同的平台。例如有 Amazon 的電子商務交易、Facebook 的社交群組、Google 的資訊搜尋、YouTube 的影片瀏覽等等，都是以平台為核心功能發展而成的巨型企業。當然，今後還可能有更多形式的平台不斷開發和出現。

極為重要的是，這種平台經營模式，較之傳統做法，它是對外開放的，允許新的參與者加入。此時，並不會因規模增加而效用遞減；反之，乃因流量增加而產生正面的網路效應，而且藉由形形色色的演算法之應用，使得其間連接更加深化或多樣化。

這種狀態下的平台，其運作範疇，可以隨構想而擴大，例如在房屋興建方面，可以定位為建築材料，由此擴及住宅興建，到社區開發；在飲食方面，也以由食材供應到餐飲事業，擴大到某種生活生態。

生態化平台和功能性平台

如果我們將這種意義下的平台,稱之為「生態化」平台,則在另一方面,平台也可以是功能性的。在此所謂功能,類似一般人們所習稱的「產、銷、人、發、財」各種經營活動。但事實上,其功能遠超過這五方面,譬如以阿里巴巴所經營的,就分別有屬於價款支付(支付寶)、貸款(花唄)、理財(餘額寶)、團購(聚划算),以及其他在於比價、保險等各種功能性之平台。

在於企業功能之平台化方面,影響最大且普遍者,莫過於有關資訊之應用與管理上者。此源自早期企業各自設置電腦中心或資訊管理中心,由本身購置及管理相關之硬軟體設施。及至日後,由於發現此種投資與工作負擔十分沉重,缺乏彈性,不合經濟效益的,因此遂出現有以平台模式下之雲端運算服務;除以公共雲、私有雲及混合雲不同型態外,近年來更進發展有所謂「邊緣計算」,其運用更見靈活。

尤其此種資訊機制所產生的大數據,更可透過深度學習,應用於人工智慧上,發揮各種令人稱奇的功能。

管理
一場數位之旅

結語

　　總而言之，平台代表一種網路時代企業經營模式，可以普遍應用於消費者與消費者之間，企業與消費者之間，亦可應用於企業與企業之間。如何有效而靈活應用此種經營模式，或稱為「數位轉型」，乃是今日企業所面對之最大挑戰。

　　此時一大問題在於，一般人每囿於過去經驗或思維方式，有如有了汽車，還在研究如何改進馬車，造成轉型上之格格不入，恐怕這乃是今日企業必須加以克服的最大無形障礙。

虛擬組織提供創新的生態環境

　　網路和數位技術發展到今天，可能應用的領域和所能達成之作用，可說五花八門，不勝枚舉。但就其中在管理上的應用而言，諸如大數據、AI、物聯網、雲端以及區塊鏈等等，也都可找到適當的用途。但是其中對組織和結構層次上產生最大且最直接影響者，除了平台和雲端外，恐怕就是虛擬組織。

虛擬組織賦予創新特別生命力

　　企業藉由虛擬組織得以擺脫因規模成長而僵化的鐵律，給予創新特別生命力。這是本文所企圖加以說明的。

　　不過，在進入主題之前，必須說明者，有兩點。其一，本文中所討論之虛擬組織，並非近來風行的「元宇宙」，因此處之組織成員皆為真實之個人，而非 Avatar。基本上，只是利用網路及相關之

> 管理
> 一場數位之旅

數位技術,使個人脫離原有僵化之結構,得以發揮經營模式中所期待之彈性連接。其次,這兩年來,由於新冠肺炎疫情之舉世普遍爆發,為了防疫,各國紛紛推動減少實體接觸,更增加對於網路電子媒體之利用,對於虛擬組織之發展,又產生一種推動力量,和方向上之引導作用,這是之前意想不到的。

層級及部門式組織結構乃是無可奈何的選擇

話說,自古以來,在沒有進入數位時代之前,人們在人、事、物之間謀求合作,但由於實體世界之種種阻礙,不得不借助於層級結構及部門組織結構,使其成為一種理所當然的組織型態。有關這方面的發展及變化,多年來已有極豐富之探討,不待贅述。

然而,非常不幸地,這種組織型態卻和企業生存發展,尤其創新,背道而馳。具體說來,企業所面臨的最基本任務,一方面是如何配合和滿足五花八門而隨時改變的顧客需要,也就是所謂「客製化」(customization)的挑戰;另一方面,又必須自外界發掘和取得最配合之資源條件加以組合,構成最有效的「完全解方」(total solution)。能在這兩層次之連接做到理想的對應組織,應該是「精準、適時、彈性、開放而無摩擦力」的。

然而,在傳統的層級組織和標準化的作業系統下,上述理想是

萬萬做不到的。即使日後採取事業部組織或流程改造各種努力，基本上仍由於連接技術上之貧乏，以及成本的遞增等因素，所能為力者極其有限。

尤其是，這種傳統組織僵化窘態，隨著外界環境的瞬息萬變，以及競爭的劇烈化，愈加暴露。如管理大師哈默爾早在《哈佛商業評論》（2008年12月號）一篇文章中所指出，層級組織削弱了人們積極主動的行為，抑制了人們對於風險的承擔，也摧毀了創意之啟發。凡此種種缺點，對人類的成就能力，構成了沉重的限制，他稱之為有如癌症一樣的「組織病」。

這也無怪乎當代組織大師 Russell L. Ackoff 在他的 *Re-Creating the Corporation*（1998）一書中，曾引用杜拉克說過的話說：「我們所謂的管理，不過就是讓人們的工作窒礙難行罷了。」尤其重要者，人們發現，創新之難以實現，組織僵化即其中主因之一。

穿越時空及框架的理想組織

解決之道，早在二十五年前，已有 Lipnack 和 Stamps 兩位學者在所合著《虛擬團隊》（*Virtual Team*, 1997）一書中，即已建議，利用網路和數位技術建構一種「穿越空間、時間及組織架構」（reaching across space, time, and organization with technology）的

> **管理**
> 一場數位之旅

人類合作型態。在這種組織中，工作者不必同時、同地即能合作，而且他們也不必是全職工作者。這種組織，能夠隨任務而形成，也可因任務完成而解散。

但是，這種理想要等到近年來網路與資通技術之飛躍進展，才能夠得以實現，有效運作。經營者在這網路世界——也就是一般所稱的虛擬空間（cyberspace）——的虛擬活動空間中，創造一種「虛擬組織」，跳脫實體世界中所依賴的「強連接」而達到「隨連接」的境界。

「隨連接」在企業經營上之應用是多層次的。呼應前文中所描述的企業基本任務，首先是應用在與外界市場或客戶之關係上，屬於策略性之任務層次；其次為配合任務建構一種「虛擬組織」，跳脫時空及物理限制，不受規模與遞增成本之束縛，以支持創新之經營模式，讓想像力得以實現，這是屬於執行層次。

這種虛擬組織之有效連接，不必受到傳統組織中條條框框的限制，以去中心化及自下而上的運作特性，對於組織和管理另闢蹊徑進入一個不同的天地，使原有的層級結構和部門化單位的桎梏，雲消霧散。

數位系統下之組織運作

具體言之,將許多原有屬於實體活動和運作,化為相關數位數據或資訊,將機械系統轉變為數位系統,依照數位技術之作業程序或標準運作。此時所利用的工具,乃是物聯網、資料庫、演算法、大數據及 AI 之類。這種運作有人描述為:雲端服務提供一種新的基礎設施,數據成為新生產要素的核心,平台做為交易互動的舞台。

更具體地說,原來在傳統組織內,藉以動員人們之努力與整合,有賴自上而下之資源分配,激勵誘因、人事調派、績效評估這些行政性活動,而如今在虛擬組織中,透過開放性的平台型態,轉變為創業者的運作方式。一方面,這種虛擬組織保持其功能完整但規模微小,甚至只以一人;另一方面,種種行政性活動,可透過雲端服務提供,凡此使創業更加靈活。

解決規模與創業之矛盾命題

顯然地,這種虛擬組織,有助於解決企業成長上之一個基本矛盾;此即隨企業成長所伴生規模擴大與組織僵化之不利結果。此一矛盾,曾為二十世紀為被譽為最偉大之兩位 CEO 之一的傑克‧威爾許(Jack Welch)所指出,他曾感嘆地說:「我們想盡辦法,要在龐大的企業體系中,納入小公司的精神和速度。」所謂小公司的

> **管理**
> 一場數位之旅

精神和速度，意即發揮一種創業式的管理取代層級結構下的制式管理。

這種虛擬組織，性質上，就是一種有機性的「自組織」，或自主經營體；在實務上，又被稱為「阿米巴」或「小微企業」。其本身並非層級結構下的一個具體而固定的單位，也沒有某種標準化或一定的規模或人數限制，完全可以基於任務需要而決定。在一種「人單合一」的方式下，它們自己對客戶負責，也由客戶付薪，而非公司；在這種「員工創客化，用戶個性化」的組織型態下，每個員工被形容為也都是 CEO。

平台也是一種虛擬組織

本文開始時，曾經提及虛擬組織與平台代表數位時代下之組織特色。上文中乃以虛擬組織為討論重心。實際上，平台也代表一種虛擬組織型態。平台經由 API（Application Programming Interface）和 SDK（Software Development Kit）的運用，以第三者角色連接和促成顧客及供應者間精準與適時之媒合，取代傳統的產品及流程，將其轉變為平台，提供體驗，消除存貨，經由流量創造網路效益。

結語：生態環境之塑造——陽光、空氣、水

　　誠然，虛擬組織對於「孕育創業」有極大功能，允許個人發揮其之創業能力；其中有關各個虛擬組織之任務，來自於市場或生態環境商機之發掘。但這種各自獨立，互不隸屬的參與者之間，如何能夠熱心參與和配合，並且提供顧客以關懷和體驗。過去，在傳統組織中，尚可依賴組織地位角色予以規範——儘管這一辦法是無效的。如今縱有進步的網路或數位技術，但是對於這感性方面的要求，如何予以培育或塑造，形成虛擬組織之最大挑戰。此時所需要者，為創造一種互惠共利的生態環境。

　　綜合而言，在這生態環境中，上述企業之願景與使命有如陽光，網路及數位技術有如水，而來自信任及價值之共識則有如空氣。希望在這環境下，參與者出於本能，很自然地協同合作。而如何設計與塑造這種生態環境及經營模式，則可認為是數位時代下領導者之主要任務。

AQUARIUS
PISCES
PEGASUS
EQUULEUS
CETUS
ARIES
ANDROMEDA
DELPHINUS
TRIANGULUM
AQUILA
LACERTA
TAURUS
SAGITTA
CYGNUS
CASSIOPEIA
PERSEUS
CEPHEUS
SERPENS
LYRA
CAMELOPARDALIS
AURIGA
DRACO
URSA MINOR
OPHIUCHUS
HERCULES
GEMINI
CORONA BOREALIS
LYNX
URSA MINOR
BOOTELS
CANIS MIN
SERPENS
CANCER
CANES VENATICI
LEO MINOR
HYDRA
LEO
COMA BERENICES
VIRGO

CETUS
AQUARIUS
SCULPTOR
PISCIS AUSTRINUS
CAPRICORNUS
FORNAX
PHOENIX
GRUS
AQUILA
ERIDANUS
TUCANA
INDUS
SAGITTARIUS
RETICULUM
HYDRUS
CORONA AUSTRALIS
LEPUS
PAVO
DORADO
OCTANUS
TELESCOPIUM
SERPENS
COLUMBA
PICTOR
VOLANS
APUS
ARA
CHAMAELEON
SCORPIUS
CANIS MINOR
CARINA
TRIANGULUM AUSTRALE
MUSCA
CIRCINUS
OPHIUCHUS
CEROS
PUPPIS
CRUX
VELA
LUPUS
PYXIS
CENTAURUS
LIBRA
HYDRA
HYDRA
CORVUS
CRATER
VIRGO
SEXTANS

管理
一場數位之旅

第五章

1
數位時代下零工經濟的
美麗與哀愁！

　　前曾談及有關「數位時代下職場及工作型態的動態性發展」問題，其中所稱一項蔚成潮流的工作新型態，即係「零工經濟」。

　　本文即係針對此一職場型態，從工作自動化與人工智慧發展在人力資源利用上，嘗試做進一步之探討。

　　首先，本文探討「零工經濟」現象，乃是將這問題放在職場數位轉型的架構中；此時，不管全職或零工，都受到網路及數位技術之影響。例如依世界經濟論壇之估計，自 2018 年至 2025 年，將有高達 52% 之原有工作將被取代。更如牛津大學教授丹尼爾・薩斯金，如其近著書名所示，在這轉變中，人類似乎將進入一個「不工作的世界」。

> 管理
> 一場數位之旅

零工型態之出現趨勢

在上述職場整體改變的潮流下,探討零工型態之出現——相對於「全職(full-time)型態」——似和以下現實發展趨勢有關。

第一,隨著市場需求,競爭型態及技術進步等等改變原因,就企業而言,在採全職工作型態下,一方面,此種人力支出形成固定成本,缺乏財務彈性;另一方面,為了配合不同的工作要求,必須訓練既有員工,有時反而不如招募新人,較易上手。

第二,由於網路及數位技術之發展與應用,以及人力仲介服務蓬勃興起,使得雇用臨時人員,不像過去那樣困難費時和費用高昂,變為可行。

第三,由於人們生命延長,社會上出現大量退休工作者,他們有能力及意願重入職場,擔任零工工作。

第四,人們價值觀念及生活意義之改變,不願意將時間及精力全部投用於工作上。對於這類人,他們寧願選擇獲有較大自主與自由之零工型態。

零工型態之得失

在此，先從雇主立場探討和比較這兩種工作型態，基本上，其得失，涉及兩方面因素：

在一方面，它和公司業務需求及市場變化有關。當兩者均較穩定時，一般上，乃以雇用全職人員為宜；否則，如其變化或起伏不定時，則以零工較能適應。

在另一方面，由於公司在雇用員工過程中，自招聘、選用、訓練、分派、監督，以至於退休等等，均將產生各種交易及行政成本。至於在全職及零工兩種型態下，究以何者為宜，將隨工作性質而異，例如屬於應用體力，以及應用知識和推理能力之不同，各有其適合全職或零工之條件，難以一概而論。

以工作性質而言，在台灣，人們常將打零工和「派遣工」產生直接聯想；好像他們只限於低技能或無技能的打工族，恐怕這是屬於工業社會的刻板印象。

相反地，如依英國皇家藝術製造與商業學會（The Royal Society for the Encouragement of Arts, Manufacturer and Commerce），在其2017年發表的報告中揭露，在常見的七類零工工作中，卻以屬於專業和創業性質工作所占比例最高。自動願意接受這種零工工作者，

> **管理**
> 一場數位之旅

多屬擁有高技能或高知識工作者。

零工對個人之失落與成就

站在個人立場，長久以來，人們已習慣於接受全職——甚至終生雇用——之工作型態；或且說，也是一種無可奈何的選擇。

然而，如今進入這種零工，或又稱為「組合式工作」（portfolio working）型態，對於多數人而言，在生活方式、財務收入、家庭生活、社交方式等等都將帶來極大衝擊。尤其在心理上，感到對於未來無法規劃，缺乏馬斯洛所稱人類基本需求中之安全感，使人產生一種人生無根和飄浮的虛無感。這是進入零工經濟時代，人類必須面對的一大社會問題。

不過，如上所述，對另外一些人而言，他們本來就不喜歡被納入組織架構中，受制於機械或重複性的工作。如今有機會從事在數位時代下具有挑戰性的工作，可以發揮本身興趣與專長，可獲有較高成就感。相形之下，零工型態反而是他們所期待的工作型態。

值得重視的職場潮流

特別值得我們關心的，就是這類工作型態對於工作者的身心和

家庭的影響。從正面來看，這類工作，對於社會，可以使某些珍貴而稀少的人才，獲得更大的發揮和利用，個人也可獲得較高收入和較多自主和自由。但從負面來看，這類工作缺乏穩定性、安全感以及歸屬感，也代表一種值得重視與關懷的社會問題。

總而言之，在自動化和人工智慧的發展下，零工經濟的出現，代表一種相當全面性的時代潮流。這種發展，如本文所稱，對於職場結構及其運作方式，以及工作者的生活福祉，甚至教育和訓練等方面，都會產生重大影響。尤其有關工作法令規章，如就業保障、福利及退休等方面，牽涉層面既深且廣，至關重要，但不在本文討論範圍之內。

凡此種種，使得人們對於這種零工工作型態，必須自整體立場，從各相關方面加以考慮，並加以因應。

2
顛覆傳統組織的「自主經營單位」

二戰後，由於生產技術和生產力的快速進步，造成供過於求之市場形勢，使得消費者很自然地居於主導地位；所謂「消費者為王」的理念已反映於行銷觀念及策略上。但不幸在現實上，格於傳統下之層級結構的僵化，為了遷就現實，企業只能採取市場區隔化、目標市場之界定，以及通路差異化這些做法，以至於構成組織和策略的理想間存在有極大落差。

此外，所謂理想狀況，我們老祖宗的《孫子兵法》，即曾指出「能因敵變化而取勝者，謂之神。」（虛實篇）；《孫子兵法》也提出，所謂「將在外，君令有所不受」的解方。

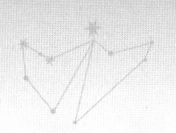

自上而下的邏輯乃是組織僵化之源

工業化組織之所以僵化,主要原因之一,來自組織運作上必須依循自上而下的邏輯。然而不幸地,在變化頻繁的世界裏,高層主管正是和市場距離最遠,往往也是最後接獲外界資訊的一群人。尤其是,第一線的資訊,在層層上送過程中,除了時間延擱外,還有可能遭受操弄和扭曲。再者,他們依此所做決定,往往是一般性和標準化的,無法做到因地、因人、因時制宜,精準化的地步。

在這種形勢下,身為基層主管者,面對兩種可能相互衝突的壓力:一方面是來自市場及競爭;另一方面則為遵照上級規定或指示。這時究應以何者為準,往往左右為難。最後,由於為了配合組織課責的要求,往往顧不了市場上之現實狀況。

上述情況更隨著組織規模大而增加其嚴重性。

治絲益棼的客製化

在這種情況下,多年來,企業已在內部組織及管理上,利用諸如資源分配、激勵誘因、人員調派、績效評估等等,設法增加彈性以為因應,結果導致更多細密的規章制度或程序標準等等,反而治絲益棼。

管理
一場數位之旅

　　由於上述原因，在層級部門結構組織下，使得基層人員見樹而不見林。誠如管理大師哈默爾所指出，「削弱了人們積極主動行為，抑制了人們對於風險的承擔，更摧毀了創意」、「對於人類的成就能力，構成了沉重的限制」。組織大師羅素·艾可夫（Russell L. Ackoff）也曾引用杜拉克說過的話：「我們所謂的管理，不過就是讓人們的工作窒礙難行罷了。」

「流程革命」的嘗試

　　1990年代，即有麻省理工學院教授麥可·哈默（Michael Hammer），企圖配合任務以流程取代層級部門，稱為「流程革命」。他和詹姆斯·錢皮（James Champy）合著的《企業再造》（*Reengineering the Corporation*, 1993）一書出版後，轟動一時，成為顯學。據稱，曾有公司嘗試以跨部門之流程小組辦理貸款，可將原來費時六天縮短為四小時，不但時間大為減少，而且所需人員更大為精簡。這種革命，對於日後組織發展產生重大突破，值得在此一提。

網路世界的突破

　　時至今日，隨著網路世界來臨，由於數位技術及雲端運算等的

普遍化，使得企業在組織上之改進，已不限於流程改造，而走向本文所討論之「自主經營單位」，可以說是從根本顛覆了傳統的組織典範。

說到自主經營單位這一組織觀念，早在1999年，即已出現於艾可夫教授所發表一劃時代著作 *Re-Creating the Corporation: A Design of Organizations for the 21st Century* 中，他建議，將組織內部市場化（bringing market inside），讓所有單位──包括業務性及行政性均在內──自己面對市場，發展本身競爭力，成為利潤中心，自主經營。這種革命性構想，可說是今日網路時代「自主經營單位」組織的濫觴。

到了近年，美國《連線》（*Wired*）雜誌總編輯克里斯·安德森（Chris Anderson），也在其《自造者時代》（*Makers*, 2013）書中描述這種團隊為：「各自小本獨立，鬆散連接」，虛擬而不拘形式。

其實，在此所謂「自主經營單位」，只是一個通稱。實際上，隨相關情況不同，而有不同型態和不同名稱。以一般通曉者而言，就有「阿米巴組織」、「微小組織」、「人單合一」、「自組織」、「海星式組織」、「合弄制」等，不一而足，各有其發展背景及實際需要，在運作上，並不相同。在此僅能就其最基本之精神與特質，加以概述。

管理
一場數位之旅

　　基本上,它們的共同特色,在於擺脫層級部門組織那種自上而下的指揮系統,以及細密分工的工作邏輯,也不存在有什麼既定的和嚴格的「強連接」規則。

　　自主經營單位基本上所提供的事物,並非只限於產品或服務,舉凡任何有助於生態運作的功能、角色或問題解決,都可被發掘做為驅動自主單位任務的商機。

動態創業下,人人都是 CEO

　　這種組織,具有網路組織的特色,譬如去中心化、扁平化和無邊界化等;基本上,由公司人員自己發掘具有市場價值的機會,企圖予以滿足,從原來只能提出創意躍升為自己創業。因為它們是虛擬性的組織,可以隨需而生,也可隨需消失而亡。

　　在這種組織中,並沒有一位 CEO 高高在上發號施令;每一自主經營單位,就是一個 CEO;因此有人形容,在這組織內,人人都是 CEO。

　　再者,傳統的創業,有待經過籌資、建廠、用人、採購各種活動和程序,構成內部龐大而複雜的組織。但支持自主經營單位的,乃是平台、雲端服務以及社群網路,使得傳統組織脫胎換骨,規模

和空間不再成為企業發揮功能的限制條件。譬如設於中國山東青島的海爾公司，就被形容為一個由「自創業、自組織、自驅動」的自主經營單位所形成的生態系。

總之，在這種經營單位內，沒有上司和下屬。成員各有功能和角色，他們基於夥伴關係，彼此信任，發揮團隊精神。這種合作和創新能力乃是內建的，也是有機的，不是由某一部門或高層主管推動的，也不必倚靠前此所稱之種種組織控制機制。

至於如何將傳統的層級組織，轉變為這種「自主經營單位」，值得企業予以認真思考，靈活應用。

> 管理
> 一場數位之旅

3
企業生態經營模式──
新的經營理念、新的遊戲規則

企業經營之道的不斷蛻變：產品、市場和生態

探討企業經營之道，多年以來，主要以產品或服務為中心，講求其產製及銷售過程與方法，謀求擴大其成本與價格間之差距。基本上，這是屬於作業層次的思維模式。

但自 1970 年代以後，隨著外界環境變化劇烈，供過於求成為普遍趨勢，企業經營之道，一反過去，改採市場或消費者之需求為中心，謀求以客製化與差異化建立本身之競爭優勢，基本上這是屬於策略層次之思維模式。

由於企業經營之道，提升到策略層次，人們所關心者，已非單純產品或服務，而是經營模式。此一模式之與產品思維之基本差

異，在於經營者將其關注對象，自內在活動及程序放大到外界經營環境，做為一企業之生存條件與競爭優勢來源。

相形之下，產品最初只是扮演演員角色，而如今經營模式所呈現的，卻是一整齣戲的演出。

傳統上，企業所考慮之外界環境，包括一般總體環境及特定之產業環境。尤其以產業環境之結構及其動態，做為形成本身策略與競爭優勢之依據，如哈佛大學策略大師麥可‧波特所提出之「五力分析」，即係一種膾炙人口的策略分析方法。其他如價值鏈或核心資源及能力之類分析方法，多已成為近年來人們琅琅上口有關探究企業經營策略之道。

但至近日，有關企業經營模式之思維，又發生重大丕變，納入諸如平台、大數據、AI 以及雲端服務之種種嶄新觀念，顯然受到網路和數位技術快速與普遍發展之影響。在這背景下，遂有所謂「企業生態經營模式」之構想與主張，主要以「生態環境」取代前此所稱之「外界環境」觀念。

自然界的生態環境

然則，何謂「生態」或「生態環境」呢？

管理
一場數位之旅

　　以中國人的意境來說，天地之大德曰「生」；世間萬物有「態」，「人生百態」，合為「生態」。

　　但是在此，所謂「生態」，乃源自法國生物學者恩斯特‧海克爾（Ernst Heinrich Haeckel, 1834-1919）於1866年所創的一個概念，Öekologie（英譯為 ecology）。由此所發展為一門稱為「生態學」的學科，主要是探討生物體及其周遭環境間之互動關係。其重點，不在於單純地瞭解生物之生存環境，而在於發現生物多樣性與生態環境間之關係，以及生態系統的發展。自這觀點，不同生物各有其適合之環境條件，稱為特定生物之 habitat 或 niche。在相同生態環境中之生物，如各種樹木花草、蟲魚鳥獸之間，依大自然規律，共生互利或相生相剋。

　　在自然界中，我們到處都可以看到上述生態或生態系統的存在，譬如說，在叢林裏，蚜蟲吸食樹汁，排泄出高甜度的蜜露，為螞蟻所喜愛。但是在自然界，蚜蟲有其天敵——瓢蟲；奇妙的是，螞蟻會保護蚜蟲，譬如到了冬天，螞蟻會將蚜蟲卵搬進螞蟻窩內；到了春天，再將小蚜蟲搬到適合的植物上。類似這種生態關係，在自然生物界甚為多見。

企業經營生態模式

如今,將企業視為一種生物,其生存與繁衍,也有其適應之生態環境條件;其中,除包括有企業與其生存環境之關係外,還包括企業與其他企業或組織間的關係。

譬如說,在此之前,企業各種經營活動,無論在原物料採購、加工及製造,或是銷售、物流、服務等等,所能採行的經營模式都受到物理因素及經濟效果的限制。一旦進入數位時代;情況大為改觀;扼要言之,有關人、事、物之間屬於「強連接」之僵化狀態,漸次蛻變為「隨連接」狀態,尤其大數據之深度利用,助長生態空間的活力和價值來源,企業可透過平台和雲端服務,在連接方面,以「去中心化」、「去中介化」、「去邊界化」以及「虛擬化」,達到「即時」、「持續」和「精準」的連接狀態。在這巨大改變下,遂使企業採行生態經營模式漸趨可能。

事實上,在人類尚未進入網路時代,企業已有近似生態經營模式之存在。例如在十九世紀末時,由美國賓夕法尼亞鐵路公司以本身所經營之鐵路為核心,進而開發沿途之礦山,投資鋼鐵廠,興建旅館等等相關事業,共存共榮。

但是在那時代,未有今日進步的網路與數位技術,所能打造的

生態經營模式，在許多方面，依然受到實體上的種種限制，有其局限性，和今日企業生態經營模式，範圍之廣、內容之多樣與開放的本質，是不可同日而語的。

基本上，以傳統的企業經營模式而言，和自然界生態相較，有幾項基本差異。

市場機制和自利動機

首先，在傳統之企業的經營模式中，主要透過市場交易機制，以貨幣做為中介，以價格為變項，交易雙方尋求各自的邊際效用的均衡；用通俗的話來說，當在某一價格上雙方都感到可以接受時，即為成交。

但是在生態環境下，不同生命體間的連接，並非遵循這種市場法則。首先，相關各方所發生之關係，並非限於價格或經濟構面，其間關係是十分多樣而無形的。再者，非常可能的是，一方所採行為，完全是滿足本身的需求，並未意識到，它和另一方有何關係，自然也不會產生嘉惠對方的動機。甚至在極端情況下，某種生物在雌雄交配後，雄性即為雌性吞食。此一行為，在事實上，可增加雌性之蛋白質攝取，有助於次代的發育和繁衍。這種行為，乃是自然發生，並非由於利他的動機所驅使。

其次，在企業的經營模式中，所採策略及行為，主要著眼於競爭關係及本身優勢之運用。但在自然生態關係中，奇妙的是，生物間所發生的關係，如前所述，雖無意識存在，但卻在自利動機下產生互利互惠之效果。

這種情況，頗為近似亞當・斯密（Adam Smith）所稱，乃係透過市場這隻「看不見的手」，而非出於「利他」之動機。至於這隻「看不見的手」，如何使「自利動機」間接導致「公益」的結果，並非出自人類的設計。再者，在事實上，由於交易行為所產生的影響，亦不限於市場機制，一般亦認為超越人類所能掌握及控制，故被稱為市場之「外部性」（externality）效果。但是時至今日，在數位時代，上述情況，在「生態經營模式」下，卻可經由企業有意識地採取具體行動，予以實現。

例如在今天，一家服裝公司，可設計一項有獎服裝設計競賽，將參賽作品放在網路上，由消費者投票選出優勝作品，然後將這些作品委外產製。而當初投票該項優勝作品者，獲有以優惠價格購買之權利。類似這種經由企業所設計的經營模式，卻類似自然生態中所發生的運作方式。這樣，也才會出現有所謂「狗替羊剪毛，卻由豬付錢」的說法。

管理
一場數位之旅

網路時代帶給企業經營新生機

基本上，進入網路時代，令人驚奇的是，企業經營模式原先所受到的種種限制被解除了，其中即包括上述之傳統市場機制。尤其隨著 web 3.0 世界的到來，企業在一個更開放和彈性的空間中，不但不再受到市場交易機制的限制，而且其在經營活動本質上也發生更根本之改變。譬如，效用取代了資產和所有權做為交易的標的；精準取代品質；流量取代規模，成為價值創造的來源。尤其，統理取代了管理，改變了組織運作的性質。如此一來，使居於消費末端的需求，經由網路，可以超越產業、空間和時間的限制，獲得更豐富的生活上的滿足，成就了所謂以「消費者為王」的新零售革命。

這也說明了，何以今日世界上市值最高的公司，絕大多數是科技業，正是因為它們有能力善用網路和數位技術的超強威力。

企業生態經營模式的演出

在企業生態經營模式中，包括有場景、角色以及互動關係等等主要構面。它們開始時，可能十分單純，但隨著業務發展，而出現各種商機，帶動創新和創業角色，經過不斷成長改變、轉型和擴張，成為一個具有更強大生命力的生態系統。例如阿里巴巴開始時，不過創造一個電子商務平台，然後經由淘寶網以「使天下沒有難做的

生意」為願景，在 B2B 的經營模式下，幫助他人創辦自己的事業。其間，公司本身並不出售任何產品或服務，也沒有存貨。在這模式下，各創業者之間，不但跳脫「投入─處理─產出」之傳統線型供應鏈關係，也非傳統組織中所謂「費用中心」、「成本中心」或「利潤中心」之模式所能規範。

在這演化過程中，為了克服或解決生態上之「斷鏈」或「痛點」，出現諸如餘額寶、芝麻信用、螞蟻金服、菜鳥網路、阿里雲等等各式各樣的角色。簡要言之，在生態經營模式之導引下，使得一個原來不過是市集式平台，擴大成為協同網路，再納入物聯網、AI 和雲端服務，達到智慧企業之境界。

由於上述關係本質上之改變，使得生態關係改變了傳統經濟學上許多公認為顛撲不破的道理，如交易成本理論、邊際效用與邊際成本理論等等。如今，這些理論已難以有效應用到這一更遼闊的生態環境上。

生態經營，既有交響樂團的融合，又有「身、心、靈」之激盪

自某種觀點，這一種生態經營模式之運作，近似交響樂團之演奏。表面上，由不同樂器之演奏者各自獨立運作，但卻能彼此融合

成為美妙的「天籟」。這種神奇的融合作用，在自然生態中，可說是來自大自然的無形規律；但在企業生態模式中，卻來自企業一種有意識的設計與嘗試，其中也培育出來一種無形但神奇的默契。

如果再將生態經營模式下之企業，視為一個不斷成長和演進的生命體，則這種生命體，在此嘗試，以「身、心、靈」三個層次，予以取喻；一是物聯網、雲端服務、邊緣計算之類，有如身體之血脈；再則如大數據、演算法和 AI，有如心智之運作；最後，所有上述活動和運作，都有賴創新精神、願景及品牌之心靈感動和昇華，引領風騷。

整體說來，由於企業採行了這種生態經營模式，使得近年來人們所津津樂道的，如共享經濟、循環經濟、訂閱經濟以及零碎經濟等等，才有實現的可能。

MANAGEMENT: A DIGITAL JOURNEY

4
由產業競爭到生態自主的企業經營思維

從麥可‧波特教授的「五力分析」講起

　　大約自 1980 年代開始，探究企業經營之道，已經脫離以產品或經營功能層次，提升到以企業整體為主體，講求經營模式及競爭優勢，並構成企業經營策略的主要內容。引領這一趨勢的，當推被尊稱為當代策略大師的哈佛大學的麥可‧波特教授；也因他，使得策略學成為一門顯學。

　　波特教授首創了許多有關策略的理論。其中之一，並成為策略學最為膾炙人口的主流，即為所謂「五力分析」。在此所謂五力，具體言之，包括「現有競爭者的競爭狀態」、「買方的議價力量」、「供應商的議價力量」、「新進入者的威脅」與「替代性產品或服

> 管理
> 一場數位之旅

務的威脅」。有關內容,許多人想已耳熟能詳,在此不待贅述。

在此所強調者,在於這種分析,乃以產業之界定為前提;脫離某一特定產業,所稱五力均將飄浮空中,無所歸屬,因此五力分析亦可視為一種產業分析。

產業分析主要應用於地理區域之基礎上

一般所進行的產業分析,經常應用於某一特定地理區域,形成此一地區之產業結構。此一地理區域,可以是地區與國家,或其他任何界定的範圍。其中最受重視者,即為國家;例如波特教授即曾在 1990 年,發表一皇皇巨著《國家競爭優勢》(*The Competitive Advantage of Nations*),書中比較世界上許多國家之產業結構,說明其形成之環境條件及其競爭優勢,從而以「鑽石體系」做為一個具有普遍解釋能力的理論。當時,此書出版,引起轟動,幾有洛陽紙貴之勢。

三級產業之歷史演進

本來,當初產業之形成,有其歷史背景,受經濟規模、技術水準與消費型態之影響,使得所謂產業結構,形成為三級產業垂直分

類，其中包括提供自然資源的一級產業，如農、林、漁、牧、礦業；再則為進一步發展之製造、加工及營造之二級產業；再則為不屬於前兩類之服務業，稱為三級產業。由於此種分類乃來自企業經營型態之自然演進歷程，彼此之間先後關係互相交錯和重疊，難以清楚析離，其運作成本及銜接上極不經濟，尤其無法配合消費者之需要。

在產業發展過程中，有相當長時間，乃以製造業居於主導地位；在一般人心目中，所謂產業即以製造業為主。但隨著生產與製造能力大增，市場出現供過於求之後，此時由於通路較接近最後消費者，較能靈敏反映消費者之需求，大約1970年代開始，遂進入所謂「通路掛帥」時代。

所謂通路，自行販售、雜貨店開始，繼有郵購、百貨公司、專門店、折扣商店、超級市場、便利商店，以至於商場、大賣場等等，這種通路發展快速而複雜，反映人類為解決連接機制的不斷努力。

產業結構模糊化之趨勢

但是近年來，隨著現實環境的發展，使得產業結構的意義變為模糊，主要由於它和地理區域失去其直接關聯性。

造成這種形勢的背後，有好幾方面的原因。一是全球化的發

管理
一場數位之旅

展，隨著各地區的比較優勢，以及消費或使用者的分布，使得構成某一產業的有關原料供應、零組件製造及裝配、行銷、服務等等，不復集中於某一地理範圍內，而趨向分布在不同國家或地區內，使得以特定地區為單位探討其產業結構與競爭力，失去意義。

再則為另一種更新趨勢，即是網路與數位科技的發展，諸如電子商務、雲端服務或虛實整合組織等等，使得地理或空間疆界失去意義。

在上述兩種原因背後，還有另一更根本的趨勢發展，改變了原來由上而下的產業結構。此即是消費端力量之興起。使得原屬產業結構末端之消費者，掌握最終之市場權力，主導產業的發展，改變了產業之形成與範圍。

進入「隨連接」的神奇網路世界

但是，一旦進入網路世界，使得人類在人、事、物各方面之連接發生根本改變。簡要言之，首先，經由資訊數位化後，透過網路和超連接替代了實體交通運輸；其次，大數據和 AI 替代了石油能源，構成驅動創新的力量；在這上面，演算法和種種數位技術取代了行路指南。

在這種cyberspace的空間內,在宏觀上,容許連接狀態發生「去中介化、去中心化、去邊界化」;在微觀上,使得點與點間之連接達到「精準性、即時性、持續性」的境界;即使是在物流上,也可經由「3D列印」技術,透過數位化予以連接。

在這些狀況下,傳統的企業經營,如今可以透過平台、雲端、社群,甚至虛擬組織之類型態進行。軟體可取代硬體,取用權取代所有權;經由這種連接所帶來的巨大釋放,居然可以超越市場和交易型態,進入資訊性、情感性和體驗性的互動。

生態自主取代產業競爭

如前所述,在網路世界中,消費者漸次獲有一種主動地位,透過隨連接的威力,即可取得發號施令之地位與力量,使得前此所描述之「多通路」,演變為「全通路」和「新通路」,再達到「無界通路」之境界。

如今在這種大釋放狀態下,人類不必受限於既定的僵化的產業結構化,有如進入一個不受拘束和限制的生態環境。

在這生態環境內,企業為了配合所服務之客戶之需要:一方面,既不受空間或時間之阻礙,更脫離產業類別之限制,相互連接給予

客戶精準而及時之問題解決;另一方面,企業本身也發生重大蛻變,演變為較小的自主單位,有學者將其比擬為生物界裏的海星,它並不依賴集中式的大腦生存;反之,軀體每一部分都可以再生,成為一個生命體。它也像互聯網中的數據封包,透過網路連接,在某個時點再重新組合封包,完成任務。

近年來,在組織理論上,出現有所謂「自組織」(self-organization)和「合弄制」,便是反映這種生態環境下的企業組織型態。如果說對應於產業結構的是層級組織,則對應於生態環境下的,便是這種自謀生路的生物性組織。

MANAGEMENT: A DIGITAL JOURNEY

MARCH
APRIL
FEBRUARY
JANUARY
DECEMBER
NOVEMBER
OCTOBER
SEPTEMBER
AUGUST
Pisces
Cetus
Pegasus
Aries
Equuleus
Triangulum
Delphinus
Andromeda
Lacerta
Taurus
Perseus
Vulpecula
Aquila
Sagita
Cygnus
Cassiopeia
Cepheus
Auriga
Lyra
Camelopardalis
Draco
Ursa Minor
Lynx
Ophiuchus
Hercules
Gemini
Canis Minor
Corona Borealis
Ursa Major
Serpens
Cancer
Leo Minor
Bootes
Canes Venatici
Hydra
Coma Berenices
Leo
Virgo

MARCH
FEBRUARY
JANUARY
DECEMBER
NOVEMBER
OCTOBER
SEPTEMBER
AUGUST
APRIL
Cetus
Aquarius
Sculptor
Piscis Austrinus
Capricornus
Fornax
Eridanus
Phoenix
Grus
Microscopium
Indus
Tucana
Horologium
Telescopium
Sagittarius
Scutum
Caelum
Hydrus
Pavo
Dorado
Reticulum
Corona Australis
Lepus
Columba
Pictor
Mensa
Octans
Serpens
Volans
Chamaeleon
Ara
Apus
Triangulum Australe
Carina
Scorpius
Ophiuchus
Canis Major
Circinus
Musca
Norma
Vela
Puppis
Crux
Lupus
Pyxis
Centaurus
Libra
Antlia
Hydra
Corvus
Crater
Sextans

管理
一場數位之旅

第六章

MANAGEMENT: A DIGITAL JOURNEY

1

數位時代下之服務業創新及典範轉移

　　人們一般認為，服務業屬於一種產業分類，與資源產業和製造產業相提並論。但是如果我們從產業發展史來看，這三款產業並非同時並存，而是前後發展而來。重要的是，服務產業和前兩類產業之間，並非直接的延伸，其間存在有十分基本上之差異，此即由供給導向轉向需求導向。也因為這一點，使得服務業的發展，事實上已將前兩類產業包含在內，這也是至關重要的一點。

產業觀念和經營典範的轉移

　　原因在於，前兩類產業乃自生產製造觀點，企圖利用技術和規模方面優勢，追求產品之成本下降，品質精美。但是問題在於，這種產品，站在供給者觀點，好則好矣，但是未必保證使用者需求獲

管理
一場數位之旅

得真正的滿足。首先，實體產品要到達使用者手中，其間尚要經過輸送、安裝、調整、組合之類活動。其次，要能夠配合形形色色的需求，並非僅靠有形的特定產品本身，為了提供一種完全解方，還要增加許許多多其他相關產品及價值活動。這樣一來，必須自用戶立場出發，發展一套和前此生產製造產業迥然不同的思維法和做法或典範轉移。

譬如說，製造業之經營模式強調成本與品質，而服務業所追求者，大致言之，尚包括有顧客導向、系統解決、創業精神，尤其要能結合優質文化和生活，以至於和製造業大相逕庭。

因此，從滿足需求的觀點出發，所謂「品質」（quality），不僅包括製造品質，尚可包括客製化及體驗與文化之品質，譬如曾任 SONY 會長兼 CEO 出井伸之，即以「感質」（qualia）之名，取代「品質」。

服務業出現後，還有一個重要轉變，此即來自實體產品本身所創造的價值之重要性不斷降低，相對地，來自服務業所創造者，則不斷提升，以至於後者所產生的市場價值，反映在一經濟中所占比例不斷地提高。

價值創造來自「連接」

　　自某種基本意義上來說，服務業所創造的價值，乃來自所謂「連接」，也就是它連接了供給與需求。這不但包括了前此所稱實體產品組合間之連接活動外，還包括了所有權之轉移，以及一般所稱物流、金流、資訊流等等，使得服務業形成一極其複雜且龐大的產業體系與極其可觀的就業機會，這也是任何社會發展到一較高和成熟階段時的一個普遍現象。

　　如果將「連接」視為服務業之核心功能，則這一功能，隨著數位時代和網路經濟的到來，加上數位化或網路化之寬頻化、行動化和在線化，帶來的「大量傳輸」、「高速演算」和「遠距操作」之威力，使連接達到「隨意化」（ubiquity）之境界，發生如虎添翼和脫胎換骨之蛻變，遠遠超越網前時代所能想像者。

網路世界中的「連接」

　　在這網路世界中的連接所帶來的典範轉移，首先反映在經濟學意義上的：包括交易成本之大幅降低、邊際成本之遞減與邊際效用之遞增。接著，隨著這些基本經濟規律的改變，使得傳統實體世界上之定價機制發生巨大變化。一方面，出現某些交易產生免費現象；另一方面，又可能使先占者利用其優勢創造流量，造成獨占和壟斷

之市場地位，帶給社會不公平之後果，這也是當前世界所面臨的重大挑戰。

不過必須說明者，在網路世界出現之同時，並不代表實體世界之完全消失，後者仍然依循舊有規律運作。此時，業者為了能兼顧兩個世界之運作規範與優勢並求其整合，遂產生所謂「虛實整合」之「新零售」業態。

再者，由於網路世界所帶來之超級連接，使得原來屬於不同性質產業之間，產生有如自然界之互補與協作現象，出現所謂「生態模式」或「生態系」之產業結構。在這體系中之參與者，彼此並非建立在價格交易關係上，而是以各自專長或效能相互補助，以合作取代競爭。

將來所有企業都是服務業

服務業之所以不同於原有產業者，歸根溯源，即在於所採取的顧客導向觀點；益以數位化網路之發展，使得今後所有企業或產業打破原有產業界限，連接到個人或社會的某種基本需求上，例如健康、學習、旅遊、人際關係增進等等。人們在這些基礎上，可以獨具慧心地運用科技，形成不同的服務業，也使得將來所有產業或企業，都將蛻變為服務業。

結語

　　從上述觀點，近年來世界各國積極推動許多創新產業，如生物科技、醫療照護、綠色能源、精緻農業等等，自數位時代觀點，不應該將這些產業界定為「生物」、「醫療」、「能源」或「農業」這些產業分別發展，而應該將它們都統合為某一種服務業，謀求生態性發展。這樣，它們才能和最適合的需求精準結合，產生最大價值。

> 管理
> 一場數位之旅

2
由製造業到服務業的數位轉型

從所有產業最後都是服務業講起

近年來,我曾經不只一次強調,所謂三級產業分類之不合時宜,認為這種分類,乃是代表人類產業垂直發展之過程,而非水平方式之同時並存。具體言之,二級產業之發展,已將一級產業吸納在內;製造業必須以一級產業為基礎或原料,予以加工與整合,為人類生活創造更高價值之產品。及至三級產業之發展,不但將一級與二級產業容納在內,更為重要者,乃自供給者觀點轉換到需求者觀點。此時,且為了和需求之內容及環境吻合,不但將有形之物質產品包含在內以外,還要透過創意與氛圍之塑造,加上無形之活動。綜合而論,以至於得到一個「所有產業最後都是服務業」的結論。

在這觀念下,並不排斥原被認為屬於一級或二級產業的單獨存在,但是這時它們所提供的產品,如一株花或一塊山石,仍然是以

原狀滿足最後需求，因此它們依然可視為服務業，並採取服務業之經營模式。

服務業之經營模式：
不是出售產品而是提供效用

基本上，所謂服務業之經營模式，在於所提供給顧客者，並非某種產品實體本身，而是顧客在生活或工作上所需要之某種之功能與效用；例如他們所要的，不是一組家具，而是舒適的居住環境，其中就可能包括前文中所稱之鮮花或山石在內；同樣地，提供顧客的不是藥品，而是可能是良好的睡眠或健康。尤有進者，這種功能與效用，不但要能達到精準的個人化，而且要能保證其持續性，不虞中斷且能改進更新。而且有愈來愈多事例顯示，許多服務或效用已不再仰賴或需要實體產品。

更有甚者，還可能在滿足需求的過程中，業者可設法增加用戶在某種文化或藝術上之體驗，以豐富其可能感受之滿足。

自以上說明觀之，服務業之經營模式，在本質上，已非出售所有權而是效用，例如經由「訂閱」，即可無限擴伸其效用。此種經營模式較之製造業之強調成本、品質及實際功能，二者間差異之大不可以道里計。當前的問題是：企業如何自己存在之製造業經營模

管理
一場數位之旅

式轉變為服務業之經營模式？

在本文中所要探討者，乃是在數位時代背景下，一家製造業者如何將其業務朝著服務業層次擴伸。不過在本文內所提出的，並非是唯一的一種模式，而是多種模式中之一種可能模式。

數位時代下之經營環境

所謂數位時代背景者，即指此時之經營環境已出現諸如網路基本設施及各種資通訊科技工具，可供應用。後者包括大數據、雲端、AI、區塊鏈之類，尤其是物聯網設施。在這種嶄新的數位環境中，大大增強了業者在於連接、移動、精準和共享等等方面之新能力，使得企業之經營與管理，跳脫網前時代所依賴之區隔化與目標市場定位做法，朝向智慧化發展，獲得更大的靈活彈性。這時，不但克服了企業在滿足和配合顧客需求方面之種種鴻溝，而且使得原有之用戶轉變為特定用戶（會員），再轉變為參與者。

譬如在實體產品設計中納入偵測功能，使顧客接手之後，供應者可以透過這些功能，以保持對於產品使用狀況的掌握，從而增添其服務內容，例如維修或替換之類，使所提供之效用不致故障或中斷。其中還包括收費方式，不是依買斷產品定價，而是依照用戶使用情況收費，使供需關係更加密切吻合。

再進一步，供應者也可以經由偵測及所蒐集之使用數據，除了上述用途外，尚可藉以獲知用戶之相關生活或工作型態，從中發掘相關商機，供本身或其他業者利用。例如可經由冰箱內儲存之食物、飲料狀況資訊，提供用戶使用或補充之資訊，朝著生態模式發展。

文化、組織與管理必須隨之改變

最後，必須說明者，當一家企業由供給導向之製造業轉變為需求導向之服務業模式時，同時企業本身之文化、組織及管理，也必須同時隨之改變。

具體言之，在數位環境下，企業可以不再依賴高度集中化之巨型企業層級組織結構，以及相應之管理運作系統，而採用開放性之平台。而所謂的組織功能，也不再限於內部運作單位，而可昇華為各種雲端運算或雲服務。在這環境下，組織成員也因此不再成為層層節制下之螺絲釘，而是具有自主負責精神之創業主。

最後，在這巨大轉變過程中，勢必對於社會之人才培育之觀念與做法，產生重大影響。例如傳統大學教育中之院所系之細分與僵化體制，必須基本上予以揚棄，而採取更為靈活且不受組織疆界限制之機制。當然地，這方面的改變和創新，無疑將是對整體社會及業者艱鉅而重要的一項挑戰。

管理
一場數位之旅

3
由「謀定而後動」思維，談企業創新模式的典範轉移

傳統上，人們都服膺「謀定而後動」這一格言或經驗法則，認為要做什麼大事，都應該先辨析相關因素、發展方案，並比較其利弊得失，然後從中選擇。即使是在已選定方案之後，有關如何執行，最好也事前妥善規劃，以免到時由於沒有妥善配備，以至於手忙腳亂、前功盡棄。

「謀定而後動」時代

在過去相當長的歲月裏，人們之所以認為「謀定而後動」，的確是一種不錯的決策和做事法則，主要由於種種外在環境或技術條件，包括執行時所可能面臨的變化，都相當穩定。否則，如果一切處於高度變動或不確定狀況，不但事前是無從妥善規劃，更談不上

對於執行過程能夠提前準備。在這情況下，更令人擔心的是，事前規劃愈精細，恐怕日後與現實乖離會愈大。

所謂外界環境條件，具體言之，以企業而言，譬如競爭對手和用戶的反應、科技的發展和突破、政府政策和法令之類。其間還有許許多多「猜不準，想不到」，如所謂蝴蝶效應之類的事，都有發生的可能。但是到了今日，這許多狀況和條件，和過去相較，變化實在太巨大了。譬如以數位化世界所帶來的各種新科技、新做法，如虛擬組織、雲端服務、3D 列印以及人工智慧等等，層出不窮，使人眼花撩亂，遠遠超越事先所能預期，遑論做到提前準備。

巨變時代的到來

更為微妙的是，一旦將計畫付諸實施，各方面利害關係人群究將如何反應，其複雜和多變程度，更超越邏輯思維或博弈理論之掌握。即使以今天資訊科技高度發展，在儲存及處理能力上有超乎想像之威力，也不可能在事前窮盡每一步驟之可能反應，納入考慮，而有賴靈活之反應彈性。

在上述現實困難下，使得人們在許多重大而關鍵的決策上，不得不放棄「謀定而後動」的做法。讓事實先發生了，然後再找出有效的做法，就像先讓學生在草地上走出一條路徑，然後再修築這

管理
一場數位之旅

條路。

「開放、整合、彈性」

譬如在創新方面,公司不再局限由內部研發部門或實驗室進行高度封閉式的產品開發,而改由用戶、消費者,甚至同業共同合作進行,即所謂「開放式創新」(open innovation)策略。

而且在順序方面,人們也無法將規劃與執行分割為前後兩階段,由兩個不同組織部門各自負責進行,而必須將二者整合而成為一個互動調整的過程。這一做法,也不同於傳統的「規劃—執行—考核」模式,如此容許在過程中加入開放、體驗、學習和互動這些要素。

這種觀念上的重大改變,使得組織中原有所謂「企劃部門」不再獨立運作,或擔任主導角色,而以開放性的「平台」機制取代。尤為神奇者,在這機制下,由於數位軟體的利用,甚至不必倚靠一個中心單位處理創新過程。

一個類似的例子,像是「Wikipedia百科全書」和「Linux作業系統」之開發模式,二者都是以開放方式接納各種創見,然後經由使用和參與的程序,獲得了一個可以達到人們期望和接受的成果。

類似的情況是，企業對於新事業開發，也不再採取由上而下的策略規劃，設立團隊，分配投資預算、調派人員這種做法；而是塑造一個適合創業的生態環境，透過願景和文化的誘導力量，讓公司內部人員自行創業，以其敏銳的觀察力，發掘市場商機，籌措資金及尋覓志同道合的夥伴，集中全力於開創一個事業，充分發揮個人之創造力和經營能力。

事實上，問題不在於「事先思維，提前準備」的原則，以及「人無遠慮，必有近憂」的道理，這種原則和道理還是正確的。關鍵在於所應用之任務或工作的性質，例如有許多作業性或機械性質者，的確可以事先詳細分析和規劃，例如在工廠、賣場，甚至開刀房這些場所內，有關流程、裝配、檢查性質者，所謂「標準作業程序」（SOP）的做法還是需要的，但是到了高層次的策略規劃或創新創業性質之作為，也就是本文中所描述的情況方面，它們是否適當或有無成效，則主要取決於如何因應外界和未來環境因素之改變，那就無法「預為之謀」，而必須給予更大彈性和創意的發揮空間。

管理和組織的典範轉移

重要的是，屬於前一性質的工作已愈來愈多為自動化或人工智慧所取代，而企業所面臨，而且決定其生存和發展的，主要都屬於

管理
一場數位之旅

後一性質的任務。

　　整體而言,進入數位時代,許多傳統上視為當然的管理和組織理論,甚多已遭顛覆。以本文所討論相關規劃與決策的做法而言,基本上所反映的,就是由過去的那種「由內而外」走向「由外而內」,同時也從「由上而下」走向「由下而上」。這種巨大改變,應該是目前企業界必須加以面對,並思考如何有所適應的大挑戰。

4 認識數位時代下的「新零售」！

最近以來，所謂「新零售」這一名稱，甚囂塵上，儼然一門顯學。但是，從某種觀點，這一名稱可能產生誤導作用，因為在一般人心目中，所謂「零售」就是和最後消費者打交道的一種生意，代表企業通路的末梢。這樣，除了給予消費者購買上的方便外，似乎沒有多大功能。

「新零售」不是「零售」

事實上，在今天，「新零售」的真正活動以及它的功能，對於社會以及它在產業上所扮演的角色，其重要性遠遠超過傳統意義下的「零售」。簡單地說，過去企業所做的各種活動，從產品設計、開發、生產、銷售以及服務等等，幾乎最後都匯集到這一前端業務上；尤其重要的，這許許多多的活動，最後都必須配合消費者的需

管理
一場數位之旅

求,形成了從「通路掛帥」走向「消費者為王」一種主要的驅動力量。

放大來講,今天新零售還不只是限於一家企業所從事的業務活動,它還涉及其他提供相關服務的廠商,因而構成在網路世界下的一種新的企業生態經營模式。

在沒有進一步說明,到底「新零售」是什麼之前,在此先要說明它出現之背景。

企業之最根本任務在於「創造顧客」

依杜拉克的觀點,企業之最根本任務,乃是經由對於某種需求的滿足以創造顧客,這也代表企業之存在價值。然而在漫長過去,受限於人類社會基礎建設條件與科技水準,使得企業在這種任務上所能做到的,無論在產業構成上,或是內部組織上,都十分僵化;譬如在所謂製造—通路—零售—消費者之垂直分工模式下,處處顯得重複、僵化而費時。然而,不幸地,我們所熟悉的「零售」,就是在這背景下的產物。

但是隨著網路世界的到來,數位技術將人類在人、事、物各方面的互動,由「強連接」帶入「隨連接」狀態,整個改變了上述情

勢和狀態。

由提供「產品」到創造「體驗」

首先，隨著網路與數位技術之快速進步與發展，在企業與消費者的連接狀態上，由實體推展到「線上」，這也就是電子商務。在電子商務「去中介化」的趨勢下，生產者發現，他不必像過去那樣，必須經過中間商進行交易或獲知有關消費者行為；反之，他可以和最後消費者建立更直接的連接；其中包括了，不只是單向地瞭解消費者對本身產品的「滿意」程度，還可以透過和消費者互動，從大數據及 AI 的運用，獲知有關他們的「體驗」（experience）狀況，用於改進，甚至創新本身的服務。

這種電子商務的出現，以及日後「全通路」（omnichannel）的發展，帶來一個具有顛覆性的影響，那就是使得通路失去過去所依恃之「地點」（location）優勢，而成為一種行動化的公共服務。

在這種情勢演變下，企業不再只是站在自己立場，提供顧客價廉物美的產品，而是站在消費者立場，努力為他們解決問題。在另一面，消費者如今也可以透過「群組」或「網紅」的運作，取得原屬企業或通路所擁有的主動權。這種轉變，應該算是「新零售」的真正精神所在。

管理
一場數位之旅

由電子商務到虛實整合

新零售的另一個重要發展是，線上交易或電子商務，並沒有如原來所預期的，完全取代實體通路。反而是電子商務本身，由於同類間競爭之愈加劇烈，造成經營及行銷費用高漲，甚至超越線下。再者，人們也發現，適合經由電子商務交易的，多屬一般標準化商品，而對於諸如生鮮、時尚或涉及複雜使用的非標準化產品與服務，實體門市除了可提供展示和物流上之功能外，店中服務人員所扮演的專業顧問或關懷角色，對於增加消費者或用戶的體驗上，也是十分重要的。因而，近年以來，我們也看到了許多電商紛紛開始實體門市。

在這種情況所導致的「虛實整合」，或所謂「OMO」（online merge offline）的經營模式下，線上和線下二者各自發揮所長，相輔相成；譬如一般所稱「線上下單，線下取貨」或「線上下單，線下體驗」，使得供需之間的配合更為精準，而有彈性，這也代表新零售的一種重要特色。

尤其是，對於今天年輕消費者而言，事實上，他們已經沒有感受到有線上或線下之區別，而是屬於一個完整的消費行為，使得虛實整合成為新零售下的一個自然趨勢。

新零售在經營與管理上的新挑戰

當然,在這虛實整合過程中,將會出現種種新問題。首先,例如線上與線下之間的利害衝突、定價以及支付系統之配合等等,有待克服。而原來種種傳統的組織與管理問題,如任務分配、績效評估、人員調派及訓練等等,必須進行重大修正或改變,或採用各種新型科技數位平台予以取代,這些也都是採行新零售模式必須面對的挑戰。

總而言之,新零售發展到今天,它既非一種通路結構上的安排,也超越行銷策略的選擇。基本上,它代表今天企業為了能和消費者需求的「無縫接合」的一種經營模式。

這種「無縫接合」,除了本文中所討論的虛實整合以外,還包括其他諸如「垂直整合」、「水平整合」、「異業整合」以及「跨境整合」各種型態。重要的是,透過「大數據」和「物聯網」等數位技術,貫穿其間,使得上述連接做到「精準、快速與行動」的境界。

當然在實務上,要實現這種構想,企業所要努力的,除了本文中前此所提出的組織與管理問題外,還涉及企業間之加盟與併購之類高層次經營課題。這也說明了,何以我們對於這一新零售經營模式之發展,值得給予高度之重視。

管理
一場數位之旅

5

在生態環境中通路的蛻變

　　傳統上，人們討論行銷這一經營功能時，受到所謂 4P 典範的影響，每以產品做為行銷學的起點和核心，但若回歸行銷本質——也是區別行銷與其他學科不同之所在——在於「促進交易之效果與效率」，則真正代表行銷之精髓應為通路，而非產品。

　　這可自三個觀點來看，首先，通路乃在供需之間創造了所謂時間與空間價值；其次，通路的內容最為豐富而多元，包括了所謂的「商流」、「物流」、「金流」及「資訊流」等等；第三，在行銷活動發展歷史中，通路的變化最大，帶動的影響也最深遠。

　　基於以上原因，使得在行銷學中出現了諸如「通路革命」、「通路掛帥」之類講法，同樣主張並沒有出現在其他行銷活動上，也可以見證通路在整個行銷體系中的樞紐地位。

　　依通路發展歷程，最先乃自生產製造者立場，選擇並建立通

路，將產品送達可能的顧客；其後當通路多樣化後，顧客可以選擇不同的通路，購買他們所需要的產品；再進一步，企業配合顧客需要發展或共創某種通路使得產品和服務達到客製化的理想。近年來，隨著雲端和大數據演算法的利用，行銷的重心已脫離了產品和服務，所著眼的，乃是提供在一種生態意義下的價值。隨著這些基本上的改變，通路的意義也不斷擴大和蛻變。

當電子商務發展之初，人們以為如此所帶來「去中介化」效果，將剔除了通路這一中介機制。殊不知在網路世界中，供需間固然可以直接連接，然而諸如過去意義下的商流、金流、物流、資訊流等等並沒有消失，而是蛻變為網路世界中各種特色，如連接化、行動化、隨意化等。使得通路，相較於其他行銷活動，獲得更大的可能性與活潑性，使通路由線而面，更朝生態化而變化無窮。為行銷創造了最大的價值創新來源，但也是企業間競爭最為劇烈之所在。

這種改變，回到前文所稱的 4P 架構，產品並非代表起點，而是在流通過程中經由供需兩方協作而形成；產品的價值，也和其產製與交易成本無關，而建立在某種生態系統中的聚客力與連接關係上。

這種趨勢，有如量子力學所主張的，這個世界並非由物體所造成，而是由各式各樣的「關係」所形成；所謂真實，也只有在這種

管理
一場數位之旅

關係的交互作用中產生。這種道理，不只出現在行銷和通路上，也出現在人類其他各種活動領域中。拿兩個例子來說，一是傳播學大師馬素‧麥克魯漢（Marshall Mcluhan）早年即曾說過「媒體即信息」（The medium is the message）這句話；再則約三十年前，昇陽（Sun）公司也提出「網絡即電腦」（The network is the computer）。這些先知卓見，都可說是異曲同工，相互輝映，在行銷活動中，通路所代表的，就是交易中的「關係」。

展望未來，隨著物聯網之出現與普遍化，依學者傑瑞米‧里夫金（Jeremy Rifkin）在其近著《物聯網革命》（*The Zero Marginal Cost Society,* 2014）中所預言，物聯網所包含的「能源」、「資訊」和「物流」邊際成本均將趨近於零，使得產品和服務價格急劇下降，甚至免費。他指出，這種現象目前已在出版、通訊和娛樂產業中出現。假如這種預言成真，到時不僅通路，而是整個人類之經濟活動將面臨更大的典範轉移，值得我們觀察和深思。

6

自「連接」觀點，化解「經營模式」與「組織模式」間的隔閡

　　企業——或其他性質之機構——之運作，乃一不可分隔之整體，但在觀念上，似乎可以將其分為經營（business）與管理（management）兩個構成部分。前者所指的，乃是代表公司在供需間之連接設計，其中包括目標顧客之界定以及競爭優劣之建立等，此時所採取的特定做法，一般稱之為「經營模式」；後者所指的，包括各種管理功能，如領導、規劃、組織、控制等之運作，屬於內部程序或系統之建立，稱為「組織模式」（organization model）。

「經營模式」和「組織模式」之契合

基本上,一般所稱之企業經營績效(performance),如上所述,乃代表機構整體運作之結果。因此,我們固然可以將一家企業分別依所採行之「經營模式」與「組織模式」二者本身之良窳,加以評論;但更為關鍵者,則在於二者間之契合(alignment)。

我們如果以當年 Panasonic 與 SONY 在錄放影機之爭為例,前者所推出之 VHS 格式之所以能擊敗後者之 Beta 格式,並非由於前者之性能較強或首先上市,恰恰相反,其競爭優劣乃在於獲得內容製作者之支持所致,這是屬於「經營模式」方面的優勢。松下能做到這點,在於這一經營模式能獲得公司組織模式之支持,其間關係,有如民初知名之兵學大家蔣百里先生所稱,凡一國之「生活條件」與「戰鬥條件」一致者,國必強;反之,必弱。例如當年蒙古大軍橫掃歐亞大陸,所向無敵,即屬於前一狀況。

如果將這道理應用於企業之運作上,企業之「組織模式」有如「生活條件」,而「經營模式」有如「戰鬥條件」。如二者相一致或契合時,這一企業之競爭力必然強大;反之,亦然。

但是,問題在於,一般而言,經營模式為求其出奇制勝,有賴人們經常談到的「創新」。然而,這種創新的「經營模式」,往往

無法獲得「組織模式」的支持，以至於使得絕妙之經營模式，無法將其落實。

至於組織模式之無法落實，每每受到諸如地區、產業、時間上種種限制，使得它和顧客間無法做到精準和及時之契合。此種限制，譬如空間之遙隔、時間之延遲、訊息之阻塞、人力或物件之調派等等，如加以抽象歸納，幾乎都和人事物間之「連接」狀況相關，遂使「連接」成為數位時代決定企業經營績效之核心要素。

契合之本質在於「連接」

以這觀點，回顧多年以來企業在經營或管理做法之種種改進或創新，如1960年代的「目標管理」（management by objectives, MBO），1990年代的「業務程序再造」（business process reengineering, BPR），以至於由軟件公司發展的「企業資源規劃」（enterprise resource planning, ERP）或顧客關係管理（customer relationship management, CRM）等等，分析到最後，莫非就是在相關人事物之連接上，謀求以創新做法取代傳統上之刻板例行程序。

非常幸運地，近二十年來，人類在互聯網及數位技術方面之突飛猛進，種種創新技術，例如RFID、平台、雲端、訂閱制、物聯網、3D列印、虛擬組織，以至於AI等等，提供了許許多多威力無窮，

管理
一場數位之旅

甚至令人眼花撩亂的工具。使得連接狀況發生巨大改變，由「強連接」變為「弱連接」，終於達到「隨連接」，在連接作用上幾乎實現了所謂「不怕你做不到，只怕你想不到」（馬雲語）的地步。

例如有了4G技術，成就了諸如Uber或Airbnb這類經營模式。再如進入5G時代，由於這層次連接技術所帶來「高、低、大」（高頻寬、低延遲、大連接）的特點，使得有關自駕車、遠距手術或智慧城市的種種構想成為可能。

又如Amazon和Googles利用「數據圖」（datagraph）技術，建立公司億萬件商品與同樣億萬個消費者之間的連接，為他們建議可能購置的商品。

不過，在此我們必須指出，技術本身固然有其絕對重要性，但更為重要者，乃是在於先行發掘所要解決之問題，和產生經營模式的創見。然後才能將適合之資訊技術應用於關鍵之「連接」作用上，如虎添翼。

使經營模式成為可能在於網路及數位技術

譬如今天，企業所期待於經營模式者，在於為配合市場及競爭態勢，做到精準化、即時化、差異化或智慧化這類競爭優勢。這些，

在「隨連接」狀況下，都成為可能。

再者，由於網路及數位技術之應用，還可產生網絡效應、長尾效應、群組效應、虛實整合效應，以至於精準效應、智慧效應、生態效應等等，顛覆了傳統經濟學中之規律和原理，為企業經營理念和模式開闢一個新的天地。

一方面，今日企業可透過網路和顧客建立連接關係，以訂閱制提供顧客服務，延伸價值和收入。另一方面，利用雲端服務，取代公司原有之組織內部功能，可以更靈活地配合策略構想。諸如此類，不但使得前文中所稱組織模式所造成經營模式的限制或應用大為降低或消失，甚至使得組織模式「虛擬化」。同時，還可因此將所獲得的大數據，做為經營策略上之創新應用。

連接之構面和形態

為求數位技術能在企業經營和策略上發揮較佳之作用，我們不妨自理論層次，自連接之「構面」（dimension）與「形態」（form）兩方面進行分析。

以前者而言，連接所涉及的構面，可包括：

- 空間涵蓋之廣度、長度和深度；

- 時間之延續及速度；
- 承載內容之性質；
- 承載之容量。

以後者而言，連接之形態，亦有：

- 直線型；
- 群組型；
- 平台型；
- 網絡型；
- 生態型等之不同。

「組織模式」融入「經營模式」

企業似乎可以從以上這些構面和形態中，配合不同市場和不同競爭狀況，為了增進與顧客間之良好契合，開發獨特而具有競爭優勢之「經營模式」，尋求適合之網路及數位技術，化解所面臨之種種連接上之障礙及隔閡。這種狀況，就和將軍在戰場上，配合不同戰略和戰術選用或組合不同之武器一樣，有異曲同工之妙。

MANAGEMENT: A DIGITAL JOURNEY

PISCES
ARIES
TAURUS
GEMINI
CANCER
LEO
VIRGO
LIBRA
SCORPIO
SAGITTARIUS
CAPRICORN
AQUARIUS

Scorpio
Gemini
Virgo
Cancer
Aries
Sagittarius
Taurus
Capricorn
Aquarius
Libra
Pisces

管理
一場數位之旅

第七章

1
企業社會責任觀念之由來及其落實問題

企業存在的目的，究竟是為了什麼？

　　近年以來，所謂「企業社會責任」（corporate social responsibility, CSR）甚囂塵上，已成當今顯學。事實上，商人未必盡如一般人觀念中之「見利忘義」或「無商不奸」。在中國歷史上，史稱陶朱公曾三散其財，「仗義疏財，施善鄉梓」，不過其中一個家喻戶曉的例子而已。在近代西方世界，亦不乏有企業兼顧經營利益和社會公益者。以哈佛歷史學者南茜・柯恩（Nancy Koehn）所舉事例，可追溯到十八世紀的瓷器公司 Wedgewood、十九世紀的食品製造商 Kraft Heinz，以及二十世紀的化妝品業者 Estée Lauder。這些公司之樂善好施，大部分源於公司高層本身責任感和抱負。直到今天，這種態度和信念又重新興起成為企業經營主流。其間經過

管理
一場數位之旅

許多周折和起伏，在此不擬細述。

以最近所發生的一劃時代大事件而言。在 2019 年 8 月 19 日這一天，美國《華爾街日報》（*Wall Street Journal*）就用兩個版面，刊登有 181 位世界上大企業 CEO 們共同簽署的一個宣言。在宣言中，他們公開聲明放棄傳統上所謂擴大「股東權益」（shareholders' equity）的經營者信念，認為企業應當為員工、消費者、社區和環境和股東──也就是一般所稱的「利害關係人群」──創造價值，並以此做為企業經營使命。

由於上述宣言，乃由摩根大通現任 CEO 傑米・戴蒙（Jamie Dimon）領軍，參與宣誓者，還包括 Apple、Coca Cola 與 Walmart 這些世界級大企業的領導者，聲勢非凡，頓時引起全球產業界，甚至社會大眾的轟動。

這些企業領袖們之所以採取集體發表宣言，是因為他們所屬的「企業圓桌會議」（Business Roundtable，美國一個具有企業界代表性的組織），一向都以「極大化股東權益」做為企業唯一目標。然而，隨著近年來人們眼看，依市場機制運作下的資本主義，帶給社會種種嚴重的弊病，尤其貧富不均問題等等，紛紛將其歸咎於這種企業以股東權益為目的之主張，加以嚴厲抨擊。在這情況下，使得社會風氣發生重大改變，咸認企業必須超越「股東權益」層次，

擴大為對於社會的生存與永續發展有所貢獻,因此這些執行長決定簽署發布前述那項新的企業目的宣言。事實上,這一改變也呼應了多年前杜拉克這位思想巨人的主張,企業應有助於增進社會福祉的信念。

就是在台灣,依修訂之《公司法》第一條,就開宗明義宣稱,所謂「公司」不再只是「以營利為目的⋯⋯之社團法人」而是「得採行增進公共利益之行為,以善盡其社會責任」。

至此,多年以來眾說紛紜的「企業社會責任」,頓然成為世界上企業經營之主流;善盡社會責任,乃是企業核心任務,而不是在行有餘力的情況下才做的事。

市場機制是不完美的

從理論上討論 CSR 觀念之興起與普遍化,乃和人類發現市場機制之缺失有密切關係。近年來主流經濟學者已不再接受諸如亞當・斯密、海耶克(Friedrich Hayek,1974 年諾貝爾得獎主)、密爾頓・傅利德曼(Milton Friedman,1976 年諾貝爾得獎主)等學者所持說法;也就是認為個人追求私利,可以透過市場「看不見的手」,促成公益這一命題。

反對這種古典經濟學者主張的學者中,近年較著名者,如麥可・桑德爾(Michael J. Sandel),在他所著《錢買不到的東西》(*What Money Can't Buy,* 2012)一書中即宣稱:「雖然市場機制帶給人類史無前例的富裕與自由,但是一個以市場為導向的社會,卻讓我們遠離了美好生活的理想。」

　　又如曾獲 2001 年諾貝爾經濟學獎的約瑟夫・史迪格里茲(Joseph Stiglitz),在他所著的《不公平的代價》(*The Price of Inequality,* 2012)書中指出,近三十年來,美國社會貧富不均,窮人缺乏照護,導致美國人平均壽命低於日本;嬰兒死亡率高於古巴、白俄羅斯、馬來西亞;好學校學生來自上層社會(高所得 25%)者占 74%,而來自基層(低所得 50%)者,儘管人數眾多,卻只占 9%。

企業生存的正當機制負責問題

　　基本上,這一種改變,乃涉及企業生存的「正當性」(legitimacy)以及經營者「當責」(accountability)兩項根本問題,值得做進一步討論。

　　具體言之,以今日企業生存的正當性而言,已不能夠只建立在於私有財產權的基礎上,而必須擴大為有助於社會的有效運作

（well-functioning，杜拉克語）。在這改變下，人們又要問，如果企業的生存，不只是對資本主或股東負責，又該向誰負責？

在此必須說明者，在此所稱之「負責」，依英文，應是 accountability，而非 responsibility；前者所指的，乃是一種機制；而後者，則屬於一種道德或情操性質，較近於一般所說的當事人之「責任感」。

在 accountability 或組織機制考慮下，所謂「負責」，必須置於一組織架構中予以理解，譬如在內閣制下，行政部門首長，如總理或行政院長，必須對國會負責；就公司而言，公司 CEO 應對董事會負責，而董事們又必須向股東負責。至於其間如何負責，則必須發展有一定的制度或程序以為遵行。例如在政府方面，其運作乃依《憲法》，而在公司組織，則依《公司法》。因此，此處所稱之「負責」，和 responsibility 屬於自發性的意義是不相同的。

問題在於，企業應向社會負責這一主張，基本上，只是一種方向性的觀念。其正面意義，在於促進社會福祉；反面意義，即則在於企業應放棄或拒絕從事有害於社會福祉的作為。然而，一家企業想要將這種觀念落實於實際行動上，顯然將遭遇無數而複雜的定義與選擇問題。

首先，以社會做為企業負責的對象。然而，所謂「社會」，在

不同地區場合或時間中，又有不同的詮釋，一般而言，除了「利害關係人群」外，近年來又擴大到「地球永續」（Earth sustainability）或更為概括性之「環境、社會、統理」（ESG）觀念。

就 ESG 觀念而言，除了社會外，所謂 E，此即包括生態環境與生物多樣性及其權利等在內；所謂 G，又包括企業權力之歸屬、公正、透明，避免發生所謂代理人與利益不當分配問題。

其次，企業為何要向社會責任，其具體理由，不同企業又各有不同，它們可能是：

- 出於一種內在的道德感和責任心。
- 獲得一種社會的肯定和正常性。
- 做為支持企業得以永續發展的助力。
- 將其化為一種具有可加運用的社會資本。

第三，企業要負起這麼廣泛的責任，幾乎都屬於所謂「市場外部性」問題，企業面對此類問題時，究應如何處理，其間並無類似市場之對應機制可資依循或遵行。因此，如何將這些社會責任形成策略，並落實於一定範疇、項目並分配資源，事實上是十分困難的。

外在機構的監督與影響

何況,企業有關社會責任之決策及其履行,還受到各種外界環境機構之影響或限制。譬如說,政府常常企圖透過政策宣誓、法令規章、租稅優惠或減免之類措拖,對於公司在選擇 CSR 活動時產生規範或引導作用。

又如在某些投資機構,如退休基金等等,由於其龐大規模以及所採長期觀點,並已正式將 CSR 或 ESG 納入其投資決策準則中,它們認為,所做投資應有助於世界的永續發展。因此,此等機構所採態度與主張,亦可能對所投資的企業產生影響。

此外,還有某些非營利組織,企圖透過種種途徑,發動消費者對於違反 CSR 企業的產品或服務,採取拒購或反制活動。其中著名案例,例如在 1994 年創立的 Goodweave International,即對於南亞國家利用非法童工編織的地毯產品,建議消費者予以拒買。

將 CSR 納入企業之經營與管理機制

有關 CSR 的發展,當前似乎已進入一個新的階段,此即已非企業是否接受 CSR 這一個所謂「浪漫主義」階段,而是,企業應如何將其 CSR 納入企業的經營與管理機制之中,和企業之目的、

願景、使命、策略、方案計畫與執行這些程序結合。

在這方面,我們可將這一問題區分為「統理」與「管理」兩個層次,加以討論。

統理層次

先就所謂「統理」層次而言,此即一企業對於有關所謂 CSR 之作為,在原則性或正當性上,如何建立共識的問題。在過去,這些問題主要由代表投資者之股東大會及所產生之董事會做成決定,再由 CEO 率領的經理部門予以落實執行,此種情況相對單純。然而到了目前,在於由利害關係人群主導下之企業,此方面之決策,已不能由投資方或股東主導,而必須在投資者、環保團體、當地社區、員工、女性、政府等不同利害關係人群間,達成有關目標和資源分配以及績效評估各方面之共識,其間涉及衝突與折衷、溝通與交換等過程,變為十分複雜與困難。

在此必須指出者,在當前企業界討論 CSR 時,股東或資本主往往在潛意識裏,還以為自己居於主導角色,憑藉利他心態,慷慨地擔負起某種社會責任。然而在現實中並非如此;代表不同利害關係人群之董事們間,在這些場合,各有本身立場和角色,並居於平等地位。此時,如何達成共識,有賴彼此基於互信合作之精神,以

尋求對社會及公司最有利的解決途徑或方法。

管理層次

談到管理層次，如何將 CSR 納入管理機制，代表企業所面臨的一大挑戰。在此所謂管理，乃是管理部門如何將上層方向性之決策轉換為具體方案並加以執行。

這種 CSR 管理，一方面涉及其活動範圍、結構和監控；另一方面又包括決策、流程和執行，其中還包括社會及生態效益之評估之類問題。

一般來說，將 CSR 納入公司管理機制，可能包括以下步驟：

- 配合公司目的與價值觀，擬訂跨類別的 CSR 策略。
- 整理與協調公司有關 CSR 專案。
- 訂定衡量績效的指標。
- 調整與組合公司 CSR 活動，目的在於使它們彼此間得以相互強化。

至於如何衡量 CSR 之績效，可依不同專案分別依其性質分別處理，其中可能包括有：

1. 單純公益目的者。
2. 有助於公司轉型者。
3. 可改進公司經營績效者。

在這些情況下,原則上公司盡可能自公司社會形象、經營效率、財務指標各種因素,加以評估。然而實際上這些問題多非傳統性經理部門之經驗與方法所能有效處理,有待探討與解決之處極多。

社會企業之興起與創新

除上述有關 CSR 的經營與管理問題外,另一基本問題,則涉及從事 CSR 行為與企業本身生存二者間之關係。

企業承當社會責任不是一句空話或善意,必須採取具體的行為並承擔其相關成本。基本上,這種成本不應由政府或社會負擔,而必須由公司承受和吸收。杜拉克即曾在 *HBR* 所刊登的一篇文中,指出:

「企業在 CSR 上所面臨的最大現實挑戰——有時甚至是困境——即這種 CSR 的要求對於企業生存的影響。假如企業由於努力擔負 CSR 的結果,影響其經濟

或財務績效，以至於虧損連連，無法生存。這時，是不可能寄望投資者或政府大眾給予援手，必須自己承當後果。」反之，又如企業發現某些可獲盈利之活動。可能有害社會公益之慮時，是否加以放棄，也是一大難題。

針對這種支出無法透過市場獲得相應的收入這一點，傅利德曼就曾說過這樣的話：「幾乎沒有什麼事情能夠像企業主管從事社會責任——而非盡力為股東賺錢——這件事，那樣徹底破壞我們自由經濟的根基。」

務實的做法是，企業在履行其社會責任時，應避免好高騖遠——將本身轉變為慈善或公益機構——而是應儘量在其做為營利組織之前提下，尋求可有助於社會公益之道。這種主張澄清一項困惑，此即企業不應因擔負 CSR 而傷害——甚至違背——其做為營利事業之本質。

社會問題也是創新機會

但是更為積極的做法，乃是企業將社會問題視為企業發展的好機會，努力在創新方面有所作為。

這種想法，這也就是所謂「社會企業」觀念之由來。

管理
一場數位之旅

例如由穆罕默德・尤努斯（Muhammad Yunns）博士在孟加拉所倡的窮人銀行，即為其中最著者。其他如《財星》雜誌，在其2019年9月號，即報導了世界上52家公司如何利用創新手法以解決社會問題或促進公共福祉之案例。其中如高通（Qualcomm）開發環保低價晶片，榮登榜首；Mastercard提供印度鄉村女性創業者3,275人有關信用訓練；比亞迪（BYD）在中國四川開發低價電動車。除此之外，其他尚有在廢棄物之循環利用，或群眾募資之類等創新做法，達到兼顧公司利益與社會責任的目的。

在此，有一家台商——泰昇國際，提供一個甚具啟發性的事例。這家公司在越南，開發超過三萬間雜貨店通路網。它選擇以中產階級為對象，主攻紙尿布市場。然而，它的定價比國際大廠低兩成，並對於弱勢者給予免費體驗。公司賠了三年之後，終於做到在越南中產階級的紙尿布市場排名第三。它的信念就是，「投資到那，公益就做到那」。據稱，這家公司除了捐助紙尿布給孤兒院外，並且目前在東南亞認養了上百位孤兒。

有關社會企業之發展，除了經由企業本身所做努力與創新外，一種令人樂觀的發展是，這種作為已引發社會方面的正面反應。人們願意在態度和信任上給予這種企業更多支持，譬如愛用它們所提供的產品或服務，甚至願意付以較高價格，因而增進企業之財務績

效與競爭能力。這也顯示，今天的市場的運作規律似乎已經改變了，願意將企業社會責任行為納入其中。

就某種程度而言，促成今天「社會企業」的出現及其成長，可能來自教育、輿論，尤其是政府的相關法令或租稅的影響力量，對於企業承擔社會責任發揮了推波助瀾的效果。

公共利益的評估

最後，有關公司將 CSR 納入經營管理機制，就其所產生之公共利益如何加以評估，也是一大難題。非常顯然地，傳統上所採用那些財務指標，如 ROI 或 EPS 之類，是不適用的。

在這方面，歐盟「社會報告倡議組織」就曾提出所謂一套「社會報告標準」（Social Reporting Standard, SRS），以 IOOI（Input Output Outcome Impact）為架構，完整呈現組織願景、相關行動以及後續影響，屬於一種「影響力評估」。

依照這類評估方法，讓公益產出，也能像計算投資報酬率一樣，讓所有投入行動的人知道，自己所做的事為社會與環境帶來多少實質效益。

企業領袖們應具體表現其誠意

最後，還要提出的是，儘管如前所述，有多達近 200 位大企業執行長正式宣稱，要對社會有所貢獻而不再只是追求股東利益。然而社會中仍然有人對於企業界是否真心誠意地這樣做，持有保留態度。

譬如說，緊接著上述正式宣言發表不久，就有學者 Elkington 與 Roberts 在 HBR 上發表專文（2019 年 10 月 9 日），建議企業領袖，為了真正展現他們的誠意，希望他們能在以下幾個領域內，至少挑一項予以落實，例如：

- 縮小執行長本身薪酬與一般員工薪資的差距。
- 讓各方利害關係人群在董事會中都有恰當的代表性。
- 退出為爭取企業本身利益的遊說團體，並放棄合法但不道德的避稅措施。
- 投資於有助於提高能源效率和其他改善計畫與設備。
- 檢視公司產品和投資組合是否可能傷害關鍵利害關係人群的健康和福祉；並自問，是否利用獨占地位收取高價？
- 是否由於從事 CSR 而長期仰賴租稅優惠或慈善捐款？

結語

　　總之，企業應承擔其社會責任，已蔚成今日世界上一種主流思想和政治現實。但是在其落實過程中，人們也不斷遭遇到種種複雜而困難的問題，有待解決。似乎有待努力之處者，還遠較已獲解決者為多。

　　最後本文願引用馬雲所說的一段話，供企業界相互勉勵。馬雲說：「如果希望一家公司要是能夠走得遠，走得久，必須要有願望和能力用於參與解決社會的問題。」他說：「由於今天社會上有那麼多問題，有待解決，這些也都是企業的發展機會。」在這觀念下，他堅持稱，阿里巴巴存在的目的，就是為小企業服務，因為小企業正是中國人夢想最多的地方。

　　整體來說，他曾說企業應努力做到：「讓水清澈，讓天空湛藍，讓食品安全。」也就是說，企業在盈利之外，尚應致力於帶給人類一個更美好的未來。

管理
一場數位之旅

2

從「公共財」觀點探究 ESG 之決策與落實

最近以來，在社會一般人、媒體，尤其在產業界中，所謂 ESG，已成為最熱門的一個題目；論壇、獎項、政策，甚至教育各種活動，幾乎也環繞在這一問題上。人人琅琅上口，使得 ESG 這三個英文縮寫字，幾乎都用不著解釋。

不過，儘管如此，在這裏還是免不了要說，ESG 乃是代表：「生態永續（ecology）、社會責任（society）和有效統理（governance）三個英文名詞的縮寫。

企業為什麼要負起 ESG 責任？

在這潮流下，很自然地，ESG 也成為今日企業所應努力的目標。不過，這樣一來，又會使人想到，多年以來，企業的經營目標

不就是追求利潤或投資報酬最大化嗎？怎麼會和 ESG 扯上關係？

尤其是，講到 ESG，既是一種責任，又是一種支出和費用，豈不是和企業的營利目的發生衝突！

在這情形下，要先說明的是，企業為什麼要承擔這種有可能損及其營利目的之責任？

在這方面，社會大致上似有四種不同思維和主張：

第一種最直接的想法是，ESG 就是企業應當負起的責任，基於倫理，責任就是責任，不需要有什麼理由；提出這種主張，有如「不自由，毋寧死」般的，大義凜然。

其次，多數人仍然認為，企業本質仍應盡一切努力謀求利潤。不過，基於「取之於社會，用之於社會」的道理，應將營利所得，至少應將其中一部分用於諸如 ESG 的善舉上。

第三種主張，屬於比較務實的一派。認為企業應努力將這種責任轉變為一種競爭優勢，或成為一種社會資本。如此對於企業之收益和利潤，將會自然地產生正面效益。

第四種，基於現實考慮，並不認為 ESG 可自動帶給企業財務上之正面效果，而有賴企業，透過技術或經營模式的創新，將本屬

管理
一場數位之旅

費用或成本，轉變為可產生收益的項目，例如將廢棄物，如寶特瓶之類，轉變為有價值之產品。

背景和問題

　　事實上，企業承當 ESG，並非來自這世界上的人們的突發善心，而是和社會背景與價值觀念的演變有關。長久以來，人們認為，企業乃是一種純屬經濟性的機構，其任務即在利用資源和動力，轉變為具有經濟價值之商品或服務，透過市場機制出售，獲得收益與利潤，純屬一種「將本求利」的行為。除此之外，一家企業，如果還能做到正派經營，慷慨公益或社會救助活動，更屬難能可貴。

　　再依經濟學之父亞當‧斯密當年所提出「看不見的手」的市場理論，追求私利的行為本身，即可促進社會公益，這更使得企業經營求利獲得倫理上之正當性。

　　問題在於，企業這種透過市場的營利行為，固然帶給人類富饒的物質享受和不斷提升的生活水準，但是在現實上也帶來眾多嚴重的負面影響，諸如環境生態破壞、氣候暖化、生物多樣性喪失，尤其貧富不均等等，產生威脅人類生存環境及社會安定之嚴重不良後果，企業難辭其咎。

在這情況下，遂由有識之士提出，並獲社會普遍接受，企業不應該只是一種經濟性事業，並應負起廣泛之社會責任。

這種社會觀念的萌芽和普遍化，到了近年來，形成對於企業生存的正當性構成根本挑戰。換言之，企業所應負責的，已不限於資本主或投資者本身之營利，而應擴大為「利害關係人群」、「一般社會」之福祉，再擴及「生物多樣化」與「地球生態」之永續。

這就是 ESG 的由來。

ESG 所創造者屬於「公共財」

不過，在本文內，討論有關企業 ESG 責任，乃自理論觀點，探討這種責任之根本性質及其在經營管理上的涵義。自此觀點，企業在這種責任所企圖創造者，其性質應該不屬於一般所認為的「私有財」（private goods），而應屬於「公共財」（public goods）。在此所謂「公共財」，有別於「私有財」，即指此種財貨，具有不可分割、無法交易，亦無對應之市場可據以決定價格這些特性。

一般而言，此種「公共財」，屬於自然界者，如空氣和陽光；屬於政治界者，如國防、外交；屬於制度性者，如教育、醫療等等。其中屬於制度性者，一般涉及公營或民營之抉擇，究以何者為宜，

有其公共政策上之評估與抉擇，在此不擬對此做進一步之討論。

在此所聚焦者，乃有關單純屬於公益性質之「公共財」問題。就此而言，由於此種公共財之範圍，儘管有聯合國或其他公益機構訂定標準及項目，但仍極寬廣，究竟何者為一企業所應負擔？甚難加以界定與選擇，其間涉及不同的價值觀念和意識型態，更無對應之市場機制可資憑藉。在現實環境中，往往存在有各式各樣的主張或理論，言人人殊，莫衷一是，而且可能彼此矛盾或衝突。在這情況下，對於一家企業而言，究應由何人決定？如何決定？

如何決策和執行？

在傳統之企業統理架構下，此種問題，一般可由資本主獨斷決定，說了就算。然而，在多元化的今天，一家企業所應該負擔之 ESG，究竟為何，必須經由各方代表共同協商，建立共識。此時，基本上，必然經過折衝、妥協，甚至角力。這對企業而言，如何建立這種決策機制，又如何負責，完全是一種陌生的情勢，代表極大困難。

再者，假如一企業已經幸運地，在已取得各方同意，在企業能力範圍之內，選擇所要推行之 ESG 方案。接下來，就是如何將這些方案納入企業組織內，予以有效執行。在這方面，也同樣會由於

ESG 屬於「公共財」之性質，無法逕行應用傳統上成本效益之邏輯，以行監督和考核，顯得扞格不入。

總而言之，企業必須承當 ESG 責任，已成今日共識與潮流。問題在於，伴隨而來的，即是如本文所稱，由於這種責任屬於「公共財」之性質，使得有關其決策和執行問題，如何處置和解決，恐怕還有待更進一步之探究。

管理
一場數位之旅

3

什麼是「利害關係人群」？
它是可以被「管理」的嗎？

　　至少是近十年來的一個流行觀念，企業經營不再只是為投資者謀求最大報酬率或成長，也不是只為了滿足顧客的需求。愈來愈受到重視的，也是今天掛在每一個企業經營者口中的，就是所謂「利害關係人群」的要求。

　　在當前這種 ESG 的浪潮下，其中就包括了這種「利害關係人群」的福祉或要求，而且構成其中的主要成分，使得人們稱當前的「利害關係人群資本主義」取代往昔的「股東資本主義」。

能夠輕鬆地一筆帶過嗎？

　　問題在於，當人們討論這一問題時，往往只是輕鬆地一筆帶過。但實際上，對於企業而言，如何做到這點，是極大困難，而且

往往會帶來極大困擾和挑戰。

在這篇短文中，就是嘗試就這一問題進行探討。

哪些是「利害關係人群」？

首先，究竟哪些人群算是「利害關係人群」？這本身就不是一個容易說得清楚的問題。

在一般觀念中，所謂「利害關係人群」，包括甚廣，如顧客、勞工、供應商、經銷商、當地社區、環保團體，以及人權組織等等，幾乎無所不包。為什麼難以說得清楚，原因在於這背後，有好幾層不確定因素。

基本上，所謂「利害關係」並沒有一個明確而客觀的標準。從宏觀觀點，它乃隨社會而不同：在歐美，被認為是的，在亞洲卻可能不是；而且它也會隨時間而改變：過去認為不是的，今天被認為是的，將來又會改變。

再從微觀角度看，每個企業所面對的利害關係人群，也可能不同。再從另一個角度看，某個人群是否被認為值得重視的利害關係人群，和它們的組織化程度有密切關係；設若其中某些人群如一盤散沙，並未形成一種組織，既不足以凝聚成一種主張或意見，也沒

有人代表他們做為溝通或談判的對象，自然不會被認為是一個利害關係人群。

對於某一利害關係人群和他們所提出的主張，不同企業所採取的態度，也可能有極大差別；一般是，既不可能全盤接受，也不可能完全抗拒；在這二者之間，如何拿捏取捨，構成一大難題。但在取捨之間，不同群體之間，又會產生複雜的相互攀比或怕自己吃虧的心理；因此對於其中任何一方的讓步，往往又可能引起其他人群的更進要求，導致進一步的抗爭和博弈。

但是，即使在企業願意採取配合或順應態度時，仍會產生微妙的反應。此即，人們會產生一種心理：「凡不是抗爭得到的，就是施捨，沒有價值」；或且對於已經得到的，事後又感覺「要得太便宜了」。在這種心態下，正面回應未必可以帶來相安無事或皆大歡喜的結局。

為了緩和或解決這方面問題，各國政府或某些社會機構，嘗試訂定相關勞資關係或環境生態之類法規或協定，以資遵循。固然這一做法，對於解決紛爭可能有所裨益。但是有關這類法規或調解程序之訂定本身，又將可能產生企業與相關群體，以及相關群體與群體之間另一層次之政治運作。

對於所面對的「利害關係人群」能加以管理嗎？

由於今日企業處理有關「利害關係人群」方面問題，所考慮之因素及解決手段，和傳統企業經營之所謂的「管理」，根本上是不同的。具體言之，管理所追求的，也是企業所擅長的，如效率、成本、策略、成長、績效之類，主要屬於經濟、理性與組織內之行為及決策。而如今為了解決有關「利害關係人群」方面問題的，乃屬於價值觀念和正當性問題，常涉及社會性或政治性的衝突或角力，並非依據市場機制或法則所能為力。

這也說明了，何以台積電近日會以高薪聘用政治學背景之人才的原因。

management 和 governance

換言之，今日企業所面臨的這種「利害關係人群」方面問題，基本上乃屬於價值觀念或政治性問題，是無法加以「管理」的。故在英文，特別稱之為「governance」，以表示和「管理」在性質上是有根本區別的。

但是，management 和 governance 二者間，存在有主從關係，而以後者居於上位；此即，經由 governance 所達致的結果，構成

management 之任務或先決條件。以公司組織而言,前者屬於權力機構的股東大會及董事會所要達成,然後由他們所任命 CEO 加以執行,並向權力機構負責。

在此,也許就說明了,為何在英文中,CEO 的全稱:「chief executive officer」,其中會包括有「執行」(executive)一字之緣由。

G 乃是 ES 的落實機制和底氣

總之,今日我們所強調的 ESG 中的 G 或 governance,所面對的,主要即有關本文中所討論的「利害關係人群」方面的問題,或更嚴謹地說,還要包括尚無組織代表之生態及社會公益問題;換言之,如果沒有將 G 做到做好,則所謂 ES,是空泛而沒有底氣的。

「governance」究應如何譯為中文?

最後,行文至此,讀者也許會納悶,為何未將如此重要的觀念,「governance」譯為中文?

事實上,有關「governance」觀念之起始,來自英語世界,如何能將其譯為中文,且不說依「信、達、雅」之高標準,就是儘量保持其原汁原味,也是不易。目前國內一般將其譯為「治理」,使

其有別於「管理」，可見二者之不同已獲共識。唯此一譯名，就中文意義而言，較為接近「administration」，而與本文中所瞭解之「governance」似有甚大差距，甚至背道而馳，故未加採用。

究應如何，尚盼各界賢達方正有所賜教也。

> 管理
> 一場數位之旅

4
社會企業也要有善待企業的社會

前文曾自「公共財」觀點，探討 ESG 在於企業決策與落實時所面臨的問題，主要由於持此觀點方可清楚說明，何以 ESG 已經改變了企業原有營利性質。

社會企業代表一種新型企業

由於這種改變，故自 1980 年代後，世界上出現了所謂「社會企業」，也就是一種新型具有社會公益性質之企業。此亦反映在我國新頒《公司法》上，開宗明義，第一條即界定，所謂公司，除原列之「以營利為目的」外，另增「得採行增進公共利益之行為，以善盡其社會責任」之文字，可見此種新型企業亦已取得法律上之地位。而在此新增條文中之「增進公共利益之行為」，主要即是本文內所稱之 ESG。

基本上，此種新型企業並非一種慈善或福利機構，仍以追求利潤與報酬為其主要目的。其績效高低，仍係透過市場機制，依一般會計原則，表現於財務報表。

換言之，這種企業從事公益活動，主要乃透過所從事的業務中予以實現，唯由於此種活動，並無相應之市場可資評估其績效，因而增加了決策及執行上之複雜性。

ESG 和公司本身業務有關

如前所述，目前世界潮流，在實務上評估一企業在 ESG 上之表現；多以其本身業務為基礎。例如曾獲《財星》（Fortune）雜誌選為標竿企業首位之 GlaxoSmithKlime（GSK）藥廠，即因其提供瘧疾及愛滋病疫苗予非洲撒哈拉以南國家；又如麥當勞提供不含抗生素之雞肉食物、星巴克將剩餘食物提供給有需要之社區，以及廣告公司即因其拒接菸酒類產品廣告。在這些事例中，它們獲得肯定之行為，幾乎都和它們所從事的業務活動直接、間接相關。

問題在於，企業從事此種 ESG 相關行為，儘管法律上給予合法地位，但這些行為在於企業營利之影響如何，法律上並未提供對應之配合措施，不像政府擔負公共責任，其經費來源可經由課稅以為支應那樣。反之，企業從事這種行為，卻如人民有納稅或服兵役

一般，屬於應盡之義務。

然而，此種社會企業能否生存與發展，實際上乃有賴企業外在人群或社會之配合或支持。

在此所稱社會企業外在人群或社會，其範圍相當廣泛而複雜，難以一概而論，但他們所給予社會企業之配合與支持，以下將可自一般態度及制度安排兩方面，進行探討。

對於企業的一般態度

首先，在社會對於企（商）業之所持一般價值觀念或態度方面。

自古以來，無論中外，在許多地區，似乎都存在有不同程度之「反商情結」。例如在中國，除了人們一向有商為「四民之末」的社會階層觀念外，在漢初，尚有商人不得衣錦乘馬，子孫不得為官之禁令。在西方社會，聖經上亦有稱，法利賽人（商人）進天國，有如駱駝穿過針眼一樣困難的說法。

即使到今日，人們口中，仍時常流露出「無商不奸」之心態。

在這種普遍的排斥或卑視的眼光下，所謂「社會企業」，將被視為一種粉飾或包裝的名稱，甚難獲得人們的支持。

不過，令人感到樂觀的是，今天人們心目中的「企業」，已和傳統上對於「商人」刻板印象有所不同；尤其對於所謂大企業家，也給予相當之崇敬。微妙的是，此種崇敬，有多少係來自對於其經營與獲利之能力，還是來自於對他價值形象上之改變。

利人和利己的動機考慮

其次，涉及人們對於「社會企業」之認定，也和所採標準是否將企業之動機考慮在內有關。具體言之，所謂將動機考慮在內，意即人們認為，如一家企業從事社會公益，即可因其動機仍為謀利不夠純正，因而不予肯定。

換言之，依這標準，即使屬於「利人」行為，只要含有「利己」成分，即不予承認屬於真正之公益行為。譬如在社會中，有時就會發現，有人就以「還不是為了賺錢！」一句話，抹煞企業之公益貢獻。在這種嚴苛的標準下，似乎只有達到如佛家「以身餵虎」的偉大胸懷才算，則能夠算得上「社會企業」的，恐怕是寥寥無幾了。

對於社會企業的制度性支持

在另一方面，社會對於社會企業，則可給予制度上之支持，此

即社會各種機構，對於「社會企業」透過制度安排，給予肯定和支持。

- 其中首要在於政府機構。例如透過立法或行政措施，對於「社會企業」給予在租稅、採購或行政手續方面之優先地位或方便。

- 在銀行或金融機構方面，給予較有利之貸放或融通之條件與便利。例如在今天，金融機構，在所謂「赤道原則」下，對於合乎條件之企業在貸款上給予優惠待遇。

- 再如在資本市場上，如某些重要退休基金訂定政策，將社會企業做為其優先投資對象；又如投資機構，對於此類企業編製 ETF 指數，予以彰顯，希望能使其藉此獲得證券市場上之較佳本益比，以吸引投資。近年來，又有所謂「投資人 ESG 行動主義」之興起，由投資者主動要求所注資事業重視公益活動，更可發生督促作用。

消費者之具體支持

事實上，最為重要者，還是在於廣大之消費者或用戶方面，對於此類企業，除表現在友善態度或口碑外，還能以具體行動，例如

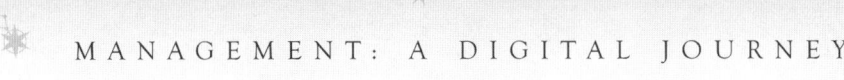

願意較高價格購用以示支持。

在後一方面,以目前台灣情況而言,由於甚多企業屬於代工性質,承接世界上名牌大廠業務。由於此類客戶本身,基於聲譽或法律上之考慮,對於下游代工業者,常訂有較高之生態保育或社會標準,代工業者必須配合,如此更可對社會企業產生直接之助力或壓力。

管理
一場數位之旅

5

為什麼我們說「ESG」，而不說是「ESM」？

都是為了合作的目的

人類為了生存，彼此之間必然不免有競爭，但真正主流還是靠合作，這也是大自然生態所給我們的啟示。為了合作的需要，人們逐漸形成各種組織，並發現和發展合作之道，千百年來累積無數經驗，人類視為當然。一直到近百年，這方面的經驗，才逐漸發展為有系統的知識，稱為管理學。

此後人們又認為，天下之事幾乎無所不可「管理」。然而，近來世界上在管理之外，英文世界出現另一個名稱，稱為 governance（中文一般譯為「治理」）。基本上，它所代表的，也是人類為了達到合作目的所採取的行為。此時，令人好奇的是，它和管理二者間有什麼關係；譬如，就近年度廣受重視的「ESG」而言，為什麼

不說它是「ESM」，也就是透過「管理」（management，M）以達到 ES 之目的？二者間是否存在有本質上的差異？這是本文中所要探討的問題。

要討論這一問題，我們似乎不得不先說明什麼是「管理」，以便和 governance 對照。

公共財和私有財的差別

首先，管理所應用的事物，從經濟學觀點，基本上乃屬於所謂「私有財」性質。由於這種性質，擁有者可透過市場機制進行交易，並經由供需情勢產生價格。這幾乎可以包括所有生產要素，如勞力、土地、資金、產品、服務都在內。它們構成管理的標的物，也構成「資本主義」的主要精神和運作機制，其運作是為了追求以利潤為標的之績效，一般稱之為「經濟績效」。

「社會績效」和「經濟績效」

反之，ES 所追求的，E 為「生態永續」（ecological sustainability），S 為「公共利益」（public interest），它們都屬於「社會績效」。

此種「社會績效」所追求的，極大部分屬於「公共財」，而非「私有財」，且無所有權之存在，因而被稱為屬於「市場外部性」（market externality）事物。對於此種事物，市場機制是無能為力的，難以形成交易價格。人們要解決這類問題，無法透過上述屬於「私有財」之市場機制，因而是難以「管理」的。

在西方歷史中，這種情況最先發生於所謂「公共牧場」（commons）的處理問題上。對於此種公共財之處理，即因缺乏有效之合作機制，以至於產生濫用、汙染等情況，學者稱之為「The tragedy of commons」。這時，為了尋求對於這種資產之維護及有效運用，也就是公共資產之合作機制，必須另尋解決機制。它們有別於傳統之「管理」，學者乃稱之為「governing」或「governance」，可說是這一名詞的來源。

利害關係人群之權力結構

再有一類情況，雖然所涉及合作或交換之事項，並非公共財，而是屬於所謂的不同之利害關係人群的權益，後者包括投資者、員工、消費者、環保人士、社區、婦女、弱勢人群等等。問題在於，此等權益涉及不同之價值觀念或目標，彼此之間既無某種相同標準可資比較或換算，並且往往相互矛盾或衝突。這時，如果他們各有

主張，相持不下，也不存在有一個最高權力者，加以裁決，拍板定案。在這種情況下，也是無法加以「管理」的。

在此可見，造成管理和 governance 之一基本差別，涉及權力結構上。一般而言，可經由管理處理者，應屬於單元權力下之事務，譬如公司經營，在股東權益之權力觀念下，即可依市場經濟邏輯以便「管理」。

同樣情況也出現在政治事務上，例如在古代部落酋長或族長、封建貴族以及君主之類統治制度下，有一位自然人居於至尊地位，拍板定案。這時並不產生 governance 問題。在歷史上，也許有一個例外，就是滿清初期，曾採取八旗共治制度，在某種意義上，就是屬於「governance」。

然而，在現代社會中，有愈來愈多狀況或場合，其權力歸屬或結構乃屬於多元狀況；例如聯合國、國會以及各種人民團體。在這種組織中，並不存在有單一之權力擁有者。這時，如何調和不同，甚至矛盾的主張，即非上述管理邏輯所能處理，這時遂產生有 governance 機制之需要。

再以今日企業經營而言，除了前此所舉之 ESG 場合外，其他如加盟式連鎖商店、策略聯盟、管理契約、商場經營，以及各種生態形式之虛擬組織等，也有愈來愈多屬於這種多元權力結構之狀況。

代理人問題

當然，governance 之應用，還涉及決策下之執行，此一層次所發生的，一般稱為「代理人」（ageney）問題。此即執行者或經理部門對於所秉承統理決策，是否忠實執行，或有無發生營私圖利之不當情況。本來，這些應屬於公司內部監控或稽核之一般管理事項，但由於 ESG 涉及公共事務在內，在執行過程中，可能存在有較大運作空間，又增加其複雜性或外部性，例如營私舞弊或在職消費之類情事。因此一般也將其納入 governance 範圍之內。

政治化或市場化之解決途徑

將管理擴大為 governance，以求達到社會績效或多元和諧之目的。目前正處於一發展初期，一個普遍做法，就是將相關事項經由政府或公共機構透過公權力通過立法，制定某種程序，例如採取多數決以投票決定。這時，這種決策程序是政治性的，而不是經濟性的。或者，嘗試將原本屬於公共財性質事務，將其轉變為私有財，納入市場機制，予以處理。最為顯著者，即對於二氧化碳排放，透過碳稅、碳權或碳市場交易之類機制予以控制；又如智慧財產權之建立，亦是如此。問題在於這些做法一般又將發生「道德風險」或「投機主義」等弊端。

總之，有關 governance 之道，有待人類繼續努力改進或創新以求解決。上面所討論的，至少可藉以回答，為何人們不用 ESM 而用 ESG 的原因。

> 管理
> 一場數位之旅

6
解方經濟與博士學位

　　邁入二十一世紀，尤其是最近十年來，世界上出現許多世紀性大問題，如氣候變遷、金融海嘯、地緣政治、流行病疫等等。這些問題，無論在規模、速度，尤其對於人類生存，其震撼程度，空前未有，亟待解決。

當前之時代使命

　　在這背景下，有識之士感覺到，當前人類最感迫切的，還不在於理論研發、工具或技術創造，而是如何將人類已經存在之知識、技術與工具，尤其是隨著網路而締造的各種數位能力，將其應用於解決上述問題上，謀求有效解決之道。這一背景，應該是所謂「解方經濟」這一潮流的由來，也代表目前人類全體努力之時代使命。

　　從人類社會發展的歷史來看，不同時代有其不同的努力方向和

使命。依學者史坦・戴維斯（Stan Davis）在其榮獲《財星》年度最佳管理著作 2020 Vision 一書中，即曾就啟蒙時代以後人類產業發展，提出他的階段理論。

簡單地說，他認為，先是有科學發現帶動科技發展；接著，此種新科技激發某種新產業的出現；然後，為了配合此種產業之發展需要，又帶動組織及策略之創新。這一程序解決人類所面臨問題，也提高人類生活福祉。

具體言之，十七世紀末，有了牛頓（Isaac Newton）萬有引力理論的提出，使人類進入工業革命和動力機械產業發展，然後才有二十世紀之初的產業結構及組織；同樣地，由於二十世紀之初愛因斯坦相對論之凌空而出，以及1950年代生物學者弗朗西斯・克里克（Francis Crick）及詹姆斯・華生（James Watson）DNA雙螺旋結構之發現，分別帶動其後資訊及生物科技產業之興起，二者均引發組織及管理上之變革，其中包括今天已蔚成潮流的網路和數位化組織。

這種發展過程，縮小來看，又彷彿如同一般所瞭解的研究發展階段，如基礎研究、應用研究、發展研究及商業化。

解方經濟並非研究發展

但是將解方經濟之源頭，和研究發展階段理論相較，將發現二者間存在有一基本差異。在解方經濟下，人們努力之目的，並非為了發現理論，而是針對問題尋求解決之辦法及其有效執行。由於二者之出發點及目的上之不同，因此產生方法論上的基本差異。

自問題出發，例如以當今肆虐地球人類生活環境之極端氣候變化而言，尋求解決之道。首先，必須自錯綜複雜之現象中，抽絲剝繭，探究根源，對於問題之來龍去脈有較完整之瞭解，從而給予問題以清晰之定義。在探究根源上，不但要回溯產業發展，也要深入生活消費層次；而且又發現，它們和經濟或市場制度、政府政策有關。將如此多層次因素綜合考慮，謀求發現其間關鍵因素。

瞭解如此複雜且多變的狀況，探究其源由，是一回事；但尋求解決方案，又是另一回事。在尋求方案時，首先將會發現，有些因素是可逆性，但有些是不可逆的。無論如何，所採解決方案，必須是可行的，而且是配套的。

尤其目前人們所面對的問題，譬如目前人們所關心的 ESG 挑戰，多非過去所發生過的或熟悉的，因此無法依賴過去理論或知識尋求答案，使得問題之定義及相關因素之分析，具有極大挑戰性。

但在思索這些原因及解決手段之間,既不可能如科學研究般,藉由設定所謂「其他條件不變」(ceteris paribus)的假設,將某些因素事前排除;也不能採取線性思維,針對特定因素,將其孤立推演。

整合、協作和願景

再說,尋求解決方案並加落實,並不能只靠知識或技術。而必須將各種技術或條件加以選用和整合。近年來有所謂「協同論」之出現,就是希望能藉此獲得有效而完整的解決方案。

尋求解決方案,有其範疇上的界定。譬如早期企業,所採解決方案,乃以個別產品之銷售做為範疇,其後擴大為整體企業,有其策略上之選擇。但到今天,在網路世界中,許多重大問題之解決,一般需要超越個別企業,採取生態系統做為解決單位;這也就是,發展協調合作網路,透過共同標準或平台運作,謀求解決之道。

最後,人們發現,在上述思考背後,還需要有願景之引導,才能配合未來世界之可能變化。

以上是從方法論觀點討論解方經濟之性質,但是真正使解方經濟得以落實的,還要有適當的人才,將有效的做法付諸實施;否則,

一切只是書面文章而已。

解方人才培育和大學使命

解決實際問題，如前所述，不但要能應用跨學科的知識，發展有效的解決方案，還要能從實作中體驗和學習，構成一種綜合性的能力。

然而今天，對於此種解方人才，普遍感到十分缺乏。這和傳統大學之學系結構有密切關係。一般而言，大學系所之設置，尤其碩博士學位所培育的，皆在某特定領域內從事理論研究的人才，以 Ph.D 為其最高學位，並以諾貝爾桂冠學者為其極致。即使如此，並不保證他們是有能力解決具體實際問題之人才。

在大學學制內，比較接近解方人才之教育，屬於所謂「專業教育」（professional education），如建築、法律、臨床醫學等實務性學院；尤其以 1960 年代所發展之 MBA 教育為顯著。此類教育之目的，即在於培育具有解決現實問題或創造具有實用價值事物之人才。這種差別，也反映於這類教育單位的名稱上：他們一般稱為 school，而非 college；其內含單位，也稱為 program，而非 department。

進入解方經濟時代，所需人才，實際上，還要超越這種專業人才。他們不但是具有跨領域綜合性解決問題的能力，而且還要有開創性的領導能力。目前有些大學在商管學院所推出的 DBA（Doctor of Business Administration），也許是大學朝這方向培育人才的一種創新之舉。

管理
一場數位之旅

7

究竟什麼是「DBA」？
它和 Ph.D 有什麼不同？

在前文中曾討論「解方經濟與博士學位」，意即人類社會進入「解方經濟」後，大學在人才培育使命上之改變。當然培育時代所需要的人才，並不限於大學，大學只是其中管道之一。就此而言，多年來大學在管理領域之 Ph.D 學位，主要為培育學術性研究之人才，以發展理論為目的，基本上，並非為解決問題。目前國內大學所推出之 DBA 學位或可視為配合「解方經濟」時代所需要之人才。

本文所討論者，即為有關 DBA 學位之性質與倡議。（本文內容曾發表於《評鑑》雙月刊，第 89 期，2021 年 1 月特此敘明）。

近來，在國內有關商管教育體制方面，出現一種新潮流、新趨勢，就是有些大學在博士層級創辦所謂「DBA 學位」。

面對當前沉悶的高等教育界來說，這似乎是開了一面新窗，讓人看到了一個新的園地。然而，從這窗子看出去，究竟這一學位代表什麼意義？有什麼內容？尤其對於當前社會有什麼價值和作用？似乎混淆不明，值得在這短文中，嘗試就這一學位的意義和內容，略抒己見。

DBA? Ph.D?

所謂 DBA，中文一般稱為「企業管理博士」，應該屬於高等教育體制中博士層級的一種學位。本來在大學教育學制中，學位設置各國並不完全相同，但就我們所熟知──也是國內現行制度──而言，在學士和碩士以外的博士學位，一般以為就是 Doctor of Philosophy 或 Ph.D──也就是「哲學博士」。

然而，在此必須先加說明的是，獲此學位者的實際意義，並不代表他在哲學這一領域內的成就，而是代表這是一種屬於學術（academic）性質的學位。具體言之，獲此學位者，乃代表他滿足一定之學習過程之要求，並經認定具有可獨立從事原創性理論研究能力之人才。至於所研究之領域，可涵蓋自然、社會和生命各界，並不限於一般所認定的哲學範疇；但由於依科學方法以發展理論，因此又可稱為科學工作者。它之所以被稱為「哲學博士」，乃因歷

史上當初這一學位乃由大學哲學學院所頒發——儘管目前此一學位在多數美國大學，已改由「研究院」（Graduate School）所頒發，但這名稱至今仍然沿用。

應用或專業性質

至於本文所要討論的 DBA，一般而言，這種博士之和 Ph.D 不同者，它乃屬於應用（applied）或專業性質。但其稱謂，每隨領域而異；一般最為熟知的，有臨床醫學領域的 MD（Medical Doctor）、法律學領域的 JD（Jurisprudence Doctor）、音樂領域的 DMA（Doctor of Music Arts），以及教育領域的 Ed.D（Doctor of Education）之類，不一而足。

由於這類學位之特色在於其實務性質。因此，至關重要者，必須在此先行澄清什麼是「實務」的意義。

MANAGEMENT: A DIGITAL JOURNEY

Spica
Sextans
Virgo
Hydra
Regulus
Leo
Coma Berenices
Arcturus
Serpens
Cancer
Leo Minor
Canes Venatici
Boötes
Corona Borealis
Procyon
Canis Minor
Ursa Major
Monoceros
Ophiuchus
Pollux
Gemini
Lynx
Hercules
Ursa Minor
Draco
Auriga
Betelgeuse
Camelopardalis
Polaris
Capella
Vega
Lyra
Serpens Cauda
Orion
Cassiopeia
Scutum
Rigel
Cepheus
Vulpecula
Aldebaran
Deneb
Cygnus
Perseus
Taurus
Lacerta
Sagitta
Altair
Aquila
Triangulum
Delphinus
Aries
Andromeda
Equuleus
Pegasus
Pisces
Aquarius
Cetus

Pisces
Pegasus
Cetus
Aquarius
Equuleus
Sculptor
Fomalhaut
Piscis Austrinus
Altair
Capricornus
Eridanus
Fornax
Phoenix
Grus
Aquila
Achernar
Microscopium
Sagittarius
Indus
Orion
Rigel
Lepus
Caelum
Horologium
Tucana
Corona Australis
Scutum
Serpens Cauda
Dorado
Reticulum
Hydrus
Pavo
Telescopium
Pictor
Mensa
Octans
Betelgeuse
Columba
Canopus
Chamaeleon
Ara
Volans
Apus
Canis Major
Musca
Triangulum Australe
Scorpius
Sirius
Norma
Antares
Ophiuchus
Puppis
Circinus
Carina
Monoceros
Crux
Vela
Pyxis
Lupus
Centaurus
Canis Minor
Libra
Procyon
Antlia
Hydra
Cancer
Serpens Caput
Corvus
Spica
Hydra
Crater
Sextans
Virgo

管理
一場數位之旅

第八章

民主政治、公民社會與網路世界

　　時至今日，民主政治，幾乎已和人權、理性、資訊公開透明等等，成為一種所謂的「普世價值」。甚至在三十年前，一位政治學者法蘭西斯・福山（Francis Fukuyama）撰作專書，稱譽民主政治是一種最好的政體，代表人類的最後一種政治制度。

選舉不代表民主政治的全部

　　事實上，幾乎所有政治制度──從神權、部落、君主到民主等──的核心，都在於權力的取得和轉移。自此觀點，所謂民主政治制度之核心，即在於選舉，亦即透過選舉取得權力。使得圍繞在這核心有關選舉權和被選舉權之資格及取得，以及投票活動之安排及結果認定等等，也都構成民主政治的運作條件，並且決定了一個民主政治實務上之良窳。

管理
一場數位之旅

然而，民主政治不能僅以是否有選舉做為判斷的標準。歷史上，在古代雅典的直接民主制度下，透過投票即可判決蘇格拉底（Socrates）死刑；在近代德國，人民以投票將希特勒（Adolf Hitler）推上國家領導人之寶座，結果帶給德國人以及相關國家的悲慘傷害。再如前引福山教授，以二十世紀華沙集團的崩潰，反證民主政治的優越性，似乎也只是表面的說法。

問題在於，民主政治及選舉都不是孤立存在的，它們都和一個社會的生活方式、價值觀念等等產生密不可分的關係。使得我們關心，一旦人類進入網路和數位時代後，這種社會，將對於民主政治產生什麼影響，這也就是本文所要討論的問題。

民主政治之由來

談到民主政治，不能不溯及現代民主政治思想之發展。一般而言，民主政治思想之萌芽，和英法及美國多位哲學家之先知卓見有關，其中如約翰·洛克（John Locke）、尚一雅克·盧梭（Jean-Jacques Rousseau）、孟德斯鳩（Montesquieu）、湯瑪斯·傑佛遜（Thomas Jefferson）等先哲們所揭櫫之自然權利、社會契約或三權制衡之類理論，構成今日西方所揭櫫民主政治之基礎。

在上述思想基礎上，遂演進為民主政治若干基本制度，如民意

政治、責任政治、法治政治。在這背後,又產生政黨政治,以政黨做為民主政治運作之軸心或載具。有關這些,應該算是政治學常識,不待多言。

在此所要強調者,依前文所言,民主政治之運作,乃和所存在的社會有密切關係。原則上,在一個缺乏足以支持民主理念的社會,即使僅有選舉——即使不涉及各種弊端、醜聞的選舉——也只是徒具形式的民主而已。

「公民社會」乃是良好民主政治的基礎

真正能夠支持民主政治的社會,一般稱之為「公民社會」(civil society)。簡要言之,這種社會表現有一些基本特色,包括人民有自主判斷的能力,理性而容忍異見的精神,還要有追求公共利益而非私利的價值觀。而在這些背後,這一社會,是否存在有一個獨立而公正的媒體,更是必要的條件。

問題在於,以今日世界上號稱為民主國家,在現實上和上述「公民社會」理想之間,一般存在有極大差距,結果使得所謂的民主政治,往往只剩下投票和選舉,只成為空談或造勢之口號而已。

管理
一場數位之旅

網路及數位世界的到來

現在讓我們思考者，乃是隨著網路及數位世界的到來，是否對於「公民社會」之實現帶來新的希望。

直覺上，進入網路和數位世界後，人類生活和人群互動上，訊息之溝通更為便捷，不受時空和組織的阻隔和扭曲；意見之表達更為細緻和精準；觀念和主張之凝聚更為自主和自由。

尤其近日隨著人工智慧之突起，帶動風潮，人們將其應用於智慧製造、金融創新、無人駕駛、遠距醫療、司法訴訟、理財投資、詩歌論文及藝術創作等等，使人類對於美好生活的憧憬，幾乎獲得實現。

然而，在另一方面，卻有愈來愈多的傑出學者和思想家，如物理奇才的史蒂芬・霍金（Stephen Hawking）教授、MIT講座教授雪莉・特克爾（Sherry Turkle），還有引領風騷的企業家，如伊隆・馬斯克（Elon Reeve Musk）等等，對於 AI 的發展發出警語。

「數據主義」，一個新的統理機制

他們擔心，這一切的奇妙美景，有如是浮士德以他的靈魂換來的。

MANAGEMENT: A DIGITAL JOURNEY

首先，在數位世界中，個人並非如想像中那樣，獲得更多的自主和自由；反之，人們在不知不覺中，沉迷於網上，成為網路成癮的奴隸。所謂個人自主意識為「集體思維」（groupthink）所取代。人們被切割成形形色色的群組，受到自己崇拜的「網紅」引領，有如「同溫層」而不相往來。

在當代具有先知卓見的 MIT 講座教授雪莉・特克爾曾發表一系列對於數位化社會的專著，她在 2011 年的《在一起孤獨》（*Alone Together*）書中，感慨地說：「互聯網所具有足以孤立和摧毀人們間的關係的力量，不下於它能將我們相聚在一起的力量。」

更弔詭的是，我們看不到的，乃是在這一切的背後，出現有一些巨無霸的財團，他們擁有大數據，透過網路和 AI 技術，將每個人變為一個數據點而加以操控。這種來自大數據所發揮的無比權力，帶來一個被稱為數據主義（dataism）的新統理機制。

而這些為數極少的財團本身，成為世界上無所不在，且巨大無比的壟斷者，不僅他們獲得巨大的財富；另一方面，也造成今日社會上嚴重的貧富不均。

更令人憂心的是，原本在公民社會中被期盼扮演社會良心的媒體，在數位世界中，本身同時變為操縱者和被操縱者，助紂為虐，不再公正和獨立。

民主政治、公民社會與網路世界

管理
一場數位之旅

在這樣一種遠離「公民社會」理想的世界中，掌管權力轉移和分配的核心機制——選舉，也淪為被操控的工具，選舉的結果，所謂「正義」乃是由程序和數量決定，和人民及社會的幸福無關。

這種情勢，如 2018 年由英國作家傑米・巴特利特（Jamie Bartlett）所著的《人類的明日之戰》（The People vs. Tech）一書所直指；「互聯網幸殺了民主政治（How the internet is killing democracy）。」

浮士德用靈魂換來的美景？

尤其引起世界普遍重視的，乃是前文中所提到福山教授近年來對於民主政治的態度所產生的極大轉變。他於 2018 年應邀來台所發表一篇專題講演，日後並發表出書，書名即為《從歷史的終結到民主的崩壞》（From the End of History to the Decline of Democracy）。

在此同時，國內一位知名和前輩報人張作錦，也在 2019 年出版一本以《誰說民主不亡國》為名的驚人之作。凡此一切，有人就在網路上戲謔地，將 democracy 這個英文字改變為 democrazy，也不是沒有道理的。

整體說來，近百年來被供奉於神壇上的民主政治，進入數位世界後，不但沒有因此更顯光芒，似乎反而距離理想中的「公民社會」更為遙遠。

難道這一切，真的反映人類將淪入歌德筆下的浮士德悲劇？

國家圖書館出版品預行編目資料

管理：一場數位之旅 / 許士軍著. -- 1 版. -- 臺北市：臺灣東華書局股份有限公司, 2023.09

296 面；17x23 公分.

ISBN 978-626-7130-73-5（平裝）

1.CST: 企業經營 2.CST: 企業管理 3.CST: 數位科技

494.1　　　　　　　　　　　　　112014133

管理：一場數位之旅

著　　者	許士軍
創意編審	陳智凱、邱詠婷
發 行 人	謝振環
出 版 者	臺灣東華書局股份有限公司
地　　址	臺北市重慶南路一段一四七號三樓
電　　話	(02) 2311-4027
傳　　真	(02) 2311-6615
劃撥帳號	00064813
網　　址	www.tunghua.com.tw
讀者服務	service@tunghua.com.tw
門　　市	臺北市重慶南路一段一四七號一樓
電　　話	(02) 2371-9320

2027 26 25 24 23　RM　9 8 7 6 5 4 3 2 1

ISBN　978-626-7130-73-5

版權所有 ‧ 翻印必究　　　　　圖片來源：www.shutterstock.com